Marko Brammer

Modulare Optoelektronische Mikrofluidische Backplane

Modulare Optoelektronische Mikrofluidische Backplane

Schriften des Instituts für Mikrostrukturtechnik
am Karlsruher Institut für Technologie (KIT)
Band 14

Hrsg. Institut für Mikrostrukturtechnik

Eine Übersicht über alle bisher in dieser Schriftenreihe erschienenen
Bände finden Sie am Ende des Buchs.

Modulare Optoelektronische Mikrofluidische Backplane

von
Marko Brammer

Dissertation, Karlsruher Institut für Technologie (KIT)
Fakultät für Maschinenbau
Tag der mündlichen Prüfung: 05. Juli 2012

Impressum

Karlsruher Institut für Technologie (KIT)
KIT Scientific Publishing
Straße am Forum 2
D-76131 Karlsruhe
www.ksp.kit.edu

KIT – Universität des Landes Baden-Württemberg und
nationales Forschungszentrum in der Helmholtz-Gemeinschaft

KIT Scientific Publishing 2012
Print on Demand

ISSN 1869-5183
ISBN 978-3-86644-920-6

Modulare Optoelektronische Mikrofluidische Backplane

Zur Erlangung des akademischen Grades
Doktor der Ingenieurwissenschaften
der Fakultät für Maschinenbau des
Karlsruher Instituts für Technologie (KIT)

genehmigte
Dissertation
von

Dipl.-Ing. Marko Brammer

Mündliche Prüfung: 5.7.2012
Hauptreferent: Prof. Dr. rer. nat. Volker Saile
Korreferenten: Prof. Dr.-Ing. Ulrike Wallrabe
PD Dr.-Ing. Timo Mappes

Vorwort

Die vorliegende Arbeit wurde im Rahmen des *Bürkert Technology Centers* (*BTC*) durchgeführt, der Kooperation zwischen dem *Institut für Mikrostrukturtechnik* (*IMT*) am *Karlsruher Institut für Technologie* (*KIT*) und der Firma *Bürkert Fluid Control Systems*. Die Arbeit war der Arbeitsgruppe von PD Dr. Timo Mappes zugeordnet. Die Baugröße und Schnittstellen der hier entwickelten Backplane sind an Funktionsmodule angepasst, die bei *Bürkert* entwickelt wurden. Die in die Backplanemodule integrierten Mikroventile wurden von Christof Megnin in einer Parallelarbeit innerhalb dieser Kooperation entwickelt.

Mein Dank gilt Prof. Dr. Volker Saile für die Übernahme des Hauptreferats, die Aufnahme am *IMT* und die immer weit und herzlich geöffnete Tür für seine Doktoranden. Prof. Dr. Ulrike Wallrabe danke ich für die Übernahme des Korreferats.

Ganz besonders danke ich PD Dr. Timo Mappes für die Übernahme des Korreferats, die hervorragende Betreuung, die Förderung der Zusammenarbeit in seiner Arbeitsgruppe und meiner Weiterbildung sowie für die spannenden und erfolgreichen Gespräche zur Ideenfindung.

Ein ganz besonderer Dank geht auch an Prof. Dr. Dominik Rabus für die Inspiration zu dieser Doktorarbeit, die ausgezeichnete Betreuung und die interessanten Diskussionen über die Visionen der Optofluidik.

Ich danke den Mitarbeitern des *IMT* für die gute und freundschaftliche Zusammenarbeit, insbesondere meinem Bürokollegen Christof Megnin für die sehr gute, erfinderische Teamarbeit am *BTC*, die Bereitstellung der Mikroventile, die Zusammenarbeit bei der Entwicklung der Ventilschnittstellen und die unterhaltsamen Bürogespräche. Zudem danke ich Achim Voigt und Stephan Zimmermann für die Hilfe beim Aufbau der Ventilsteuerung, Richard Thelen für die Hilfe bei der Messtechnik, Alexandra Moritz und ihrer Werkstatt für die Herstellung und Nacharbeit von Prototypen, Marc Schneider für das Prägen von Linsenelementen, Heinrich Sieber für die Charakterisierung von Fasern, Michael Röhrig für die gute Zusammenarbeit als Doktorandensprecher sowie meinen betreuten Studenten Marius Siegfarth, Tareq Parvanta, Shukhrat Sobich, Christoph Essig, Sentayehu Wondimu, Nicole Steidle, Faraz Arshad, Amandev Singh, Gabriela Lopez, Josephine Vennila und Wei Yi Thor für die engagierte Mitarbeit.

Den Mitgliedern der Arbeitsgruppe *Biophotonische Systeme* danke ich für die gute und freundschaftliche Zusammenarbeit sowie speziell Tobias Wienhold für die hilfreichen Anmerkungen zu meiner Arbeit.

Mein Dank geht an das F+E Team der Firma *Bürkert*, insbesondere an Georg Moll, Dr. Christian Oberndorfer, Armin Arnold, Philipp Hartmann, Marco Zürn, Jochen Frölich, Cyril Reiter, Wolf-Dieter Leischner, Susanne Paatz und Dr. Raoul Schröder für die hilfreiche technische und organisatorische Unterstützung. Besonders danke ich auch Dr. Gertrud Eppler für die intensiven Diskussionen und die Ausarbeitung der Patentschriften sowie Christof Schmuck und seiner Werkstatt für die hervorragende technische Unterstützung bei der Umsetzung der zahlreichen Demonstratoren.

Ich danke Andreas Hofmann für die Unterstützung bei der Ausarbeitung einer mechanischen Lagerung, Heino Besser und Markus Beisser für das Laserschweißen der Prototypen, sowie Michael Wolf, Florian Hübler und Dr. Nina Meinzer für das Bedampfen der Pyramidenspiegel.

Mein Dank geht auch an Judith Elsner und Denica Angelova für die Aufnahme in der *Karlsruhe School of Optics and Photonics* (*KSOP*), die Organisation der interessanten Module und das entgegengebrachte Vertrauen.

Abschließend danke ich ganz besonders und herzlich meinen Eltern, meiner Schwester Laura und Sophie.

Kurzfassung

Die kontinuierliche Weiterentwicklung der Mikrosystemtechnik eröffnet zunehmend neue Möglichkeiten in der Fluidanalyse, in der immer umfangreichere Kontrollen mit immer geringeren Nachweisgrenzen für Anwendungen in den Lebenswissenschaften, der Medizin, der Umweltanalytik und Prozesstechnik möglich sind. Zur Entwicklung vollständiger Analysesysteme müssen Sensorelemente mit Versorgungs-, Steuer- und Regelelementen kombiniert werden. Unter Gesichtspunkten einer modularen Produktentwicklung bieten sich Konzepte an, die es erlauben Elemente zu verschiedenen Systemen einer Produktfamilie zu verschalten und somit die Kosten einer industriellen Umsetzung zu senken. Im Rahmen dieser Arbeit wurden Backplanemodule für die anwendungsorientierte Zusammenschaltung einer beliebigen Anzahl und Anordnung von Funktionsmodulen zu einem konfigurierbaren optofluidischen Analysesystem entwickelt. Die Backplanemodule bestehen aus drei virtuellen Ebenen: (1) einer mikrofluidischen mit Kanälen und Mikroventilen, (2) einer optischen mit optischen Fasern und Schaltern, und (3) einer elektronischen mit Leiterbahnen und Mikroprozessoren. Insbesondere wurden verschiedene elektronisch steuerbare Schaltkonzepte zur definierten Leitung von Fluiden und Licht entwickelt und in die Module integriert. Für die Zusammenschaltung der untereinander kompatiblen Varianten der Backplanemodule wurden mechanisch reversibel lösbare, fluiddichte und optisch verlustarme Schnittstellen entwickelt. Die Bauelemente wurden mittels numerischer Simulationen ausgelegt und erfolgreich als funktionsfähige Prototypen mit einer Grundfläche von $40 \times 40 \ \text{mm}^2$ in Polymeren hergestellt. Die Ebenen der Backplane wurden separat hinsichtlich der Leitung von Fluiden und Licht, sowie kombiniert und integriert in modularen optofluidischen Analysesystemen charakterisiert.

Abstract

The continuous development of microsystem technologies opens new possibilities in fluid analysis, enabling more extensive monitoring and lower detection limits for applications in life sciences and medicine, environmental monitoring, and process analysis. Sensor elements have to be combined with supply and control elements in order to create entire analysis systems. For product development, modular concepts offering the possibility to interconnect elements to one product family enable cost efficient industrial implementation. Within this thesis, backplane modules have been developed, allowing for creating configurable optofluidic analysis systems by interconnecting functional modules in arbitrary number and configuration. Each backplane module consists of three virtual layers: (1) a microfluidic one with fluidic channels and microvalves, (2) an optical one with optical fibers and switches, and (3) an electronic one with circuits and microcontrollers. In particular, different electronically controllable switching concepts for well-defined guiding of fluids and light have been developed. Interconnecting the different variants of the backplane modules has been realized by reversibly detachable mechanical, leak-proof fluidic, and low-loss optical connectors. The components of the system have been designed based on numerical simulations and successfully implemented as working prototypes made in polymers and with lateral dimensions of $40 \times 40 \, \text{mm}^2$. The backplane layers have been characterized individually with respect to guiding fluids and light, as well as integrated in modular optofluidic analysis systems.

Inhalt

1. Einleitung

Technologien der Mikrosystemtechnik haben Einzug in zahlreiche technische Anwendungen gefunden und diese teilweise grundlegend revolutioniert, wie beispielsweise in der Sensorik für das Automobil oder für die Unterhaltungselektronik. Die kontinuierliche Weiterentwicklung dieser Technologien eröffnet zunehmend neue Möglichkeiten in verschiedenen weiteren Einsatzgebieten, wozu insbesondere die Fluidanalyse zählt. So werden für die Charakterisierung von Fluiden immer genauere und umfangreichere Kontrollen, Diagnosen und Prognosen für verschiedene Anwendungen ermöglicht. Auf diese Weise gewinnt die Entwicklung neuer innovativer Mikrosysteme immer weiter an gesellschaftlicher und wirtschaftlicher Bedeutung.

Motivation

Vielversprechend ist der Einsatz der Technologien der Mikrosystemtechnik bei der Weiterentwicklung optofluidischer Analysesysteme, mit denen Fluide mittels optischer Methoden untersucht werden [Psaltis 2006], [Fainman 2009]. Im Vergleich zu anderen Analysemethoden bieten optische Methoden den Vorteil, dass sie berührungsfrei, schnell, sensitiv, unempfindlich gegenüber elektromagnetischer Strahlung und in einigen Fällen markerfrei sind. Eine Miniaturisierung erweitert die Funktionalität hin zu Systemen, die portabel sind, geringeren Analyt- und Materialverbrauch sowie kürzere Reaktionszeiten aufweisen. Aufgrund der unterschiedlichen Anforderungen aus den wichtigsten Anwendungsgebieten, der Biomedizin sowie der Umwelt- und Prozessanalyse, wurden prinzipiell unterschiedliche Bauformen von optofluidischen Analysesystemen entwickelt.

Für biomedizinische Anwendungen wurden in den letzten Jahren viele bestehende und neue Konzepte für optofluidische Sensoren umgesetzt, die in den meisten Fällen als Lab-on-Chips konstruiert wurden [Abgrall 2007], [Monat 2007], [Arora 2010]. Ein optofluidischer Lab-on-Chip ist eine kompakte Sensoreinheit mit einer typischen Kantenlänge von einigen Millimetern, in denen Fluidkanäle und optische Sensorelemente integriert sind. Der Chip wird für eine Messung in ein Analysegerät eingeführt, in das Steuer- und Auswerteeinheiten integriert sind, anschließend mit dem zu untersuchenden Fluid befüllt und nach erfolgter Analyse ausgetauscht. Da nur die Fluidkanäle des Chips mit dem Analyten in Kontakt kommen, ist keine Reinigung des Analysegeräts nötig, die im Falle wiederverwendbarer Fluidik insbesondere bei biologischen Proben aufwendig und kostenintensiv ist. Ein Großteil der zurzeit laufenden Forschungsarbeiten konzentriert sich auf die Entwicklung kompakter und somit portabler Analysesysteme für verschiedene biomedizinische Anwendungen [Myers 2008], [Chin 2011], [Fan 2011], [Vannahme 2011]. Idealerweise sind die Lab-on-Chips kostengünstig herstellbar und dadurch einwegtauglich. Für einige biomedizinische Anwendungen werden die Chips über Technologien der Massenfertigung hergestellt und sind in sehr hohen Stückzahlen am Markt vorhanden [Papadea 2002], [Rao 2008].

Im Gegensatz zur Biomedizin ist es bei den im Rahmen dieser Arbeit anvisierten Anwendungen der Umwelt- und Prozessanalyse häufig vorteilhaft, das Fluid erstens kontinuierlich und zweitens mit einem mehrwegtauglichen System zu messen, statt über Probennahme sequentiell mit einwegtauglichen Lab-on-Chips [Bakeev 2010]. In der Regel wird ein Nebenstrom aus dem Hauptstrom des Fluids abgezweigt und dieser in einem Sensor analysiert. Die Kontamination des Sensorsystems durch die hierbei typischerweise zu analysierenden Fluide ist weniger problematisch als bei biomedizinischen Anwendungen, da die Kanal- und Sensorstrukturen in vielen Fällen durch Spülschritte einfach zu reinigen sind. Die eingesetzten Fluidkanäle sind zwar in der Regel größer und länger als in Lab-on-Chip Systemen, so dass ein größerer Fluidverbrauch anfällt, vorteilhaft ist allerdings, dass die kontinuierliche Analyse im Vergleich zur sequentiellen Analyse schneller, einfacher und leichter zu automatisieren ist [Turton 2009]. Außerdem können die Betriebskosten gesenkt werden, da in diesem Fall keine einwegtauglichen Elemente ausgetauscht werden müssen und die Systeme damit wartungsarm sind.

Zur Entwicklung vollständiger Analysesysteme müssen die Sensorelemente mit Versorgungs-, Steuer- und Regelelementen verschaltet werden [Manz 1990a], [Arora 2010]. Viele Anwendungen benötigen eine Reihe von ähnlichen, aber individuell unterschiedlichen Konfigurationen und Kombinationen dieser Elemente. Um ein komplexes Analysesystem zu konstruieren, müssen entweder alle Funktionen in eine Einheit integriert werden oder verschiedene Module mittels einer gemeinsamen Plattform und definierten Schnittstellen zusammengeschaltet werden. Ein modulares Systemdesign bietet die Möglichkeit, komplexe Systeme durch die Kombination und Zusammenschaltung von Teilmodulen aufzubauen. Durch den Einsatz standardisierter Schnittstellen können die Module in verschiedenen Kombinationen miteinander verschaltet und somit an die jeweilige Anwendung angepasste Systeme aufgebaut werden. Die Funktionen des Systems können konfiguriert werden, indem die Module ausgewechselt, ergänzt oder entfernt werden, ohne das Gesamtsystem neu entwickeln zu müssen. Dadurch lassen sich die Kosten für die Entwicklung und Fertigung verschiedener Systeme senken. Dieses ist insbesondere für Anwendungen interessant, bei denen nur geringe Stückzahlen zu erwarten sind.

Für die erfolgreiche industrielle Umsetzung einer modularen optofluidischen Plattform müssen folgende Anforderungen erfüllt werden:

- Die Schaltkonzepte zur Leitung von Fluid, Licht und elektronischen Steuersignalen müssen eine kundenspezifisch variable Zusammenschaltung von Funktionsmodulen in ein kompaktes Gesamtsystem ermöglichen.

- Kompakte standardisierte Schnittstellen müssen eine mechanisch lösbare, fluid-dichte und optisch verlustarme Verbindung zwischen den Modulen herstellen.

- Die Module müssen mit industrietauglichen Technologien und für die Fertigung als auch für die Anwendung geeigneten Materialien hergestellt werden können.

Zielsetzung

Das Ziel dieser Arbeit war es, eine Plattform (Backplane) zur Zusammenschaltung und Ansteuerung einer beliebigen Anzahl an optofluidischen Sensor-, Versorgungs-, Steuer- und Regelelementen (Funktionsmodulen) mit höchstmöglicher Modularität zu entwickeln und die Funktionalität an ausgewählten Prototypen zu testen. Das hier entwickelte Konzept sieht vor, dass das Gesamtsystem aus einzelnen standardisierten Bausteinen (Backplanemodulen) zusammengesetzt wird, die je eine fluidische, optische und elektronische Schnittstelle in Form eines Steckplatzes für ein opto-fluidisches Funktionsmodul bereitstellen.

Im Rahmen dieser Arbeit wurde ein Konzept zur modularen Zusammenschaltung optofluidischer Funktionsmodule entwickelt und in Prototypen umgesetzt. Das Konzept sieht vor, dass jedes Backplanemodul aus drei virtuellen Ebenen besteht (Abbildung 1.1): (1) einer mikrofluidischen mit Kanälen und Mikroventilen zur gesteuerten Leitung von Fluiden durch die angeschlossenen Funktionsmodule, (2) einer optischen mit optischen Fasern und Schaltern zur gezielten Leitung von Licht zu und von den Funktionsmodulen, und (3) einer elektronischen mit Leiterbahnen und Mikroprozessoren zur Steuerung und Auslese der aktiven Elemente der Backplanemodule und der angeschlossenen Funktionsmodule.

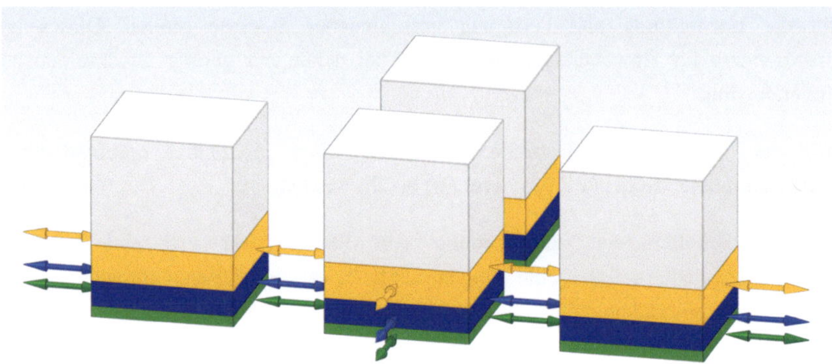

Abbildung 1.1: Schema der geschichteten Bauweise und der Zusammenschaltung der Backplanemodule mit den Unterebenen der mikrofluidischen (blau), optischen (gelb) und elektronischen (grün) Backplane, sowie den montierten optofluidischen Funktionsmodulen (weiß). Die Pfeile repräsentieren die Interaktion zwischen den Schnittstellen.

Die wichtigste Anforderung an die hier entwickelten Backplanemodule ist die Möglichkeit, sie beliebig zusammenzuschalten und auszutauschen. Die Module müssen daher eine standardisierte symmetrische Geometrie aufweisen, die in diesem Fall auf einer quadratischen Grundfläche von $40 \times 40 \ \mathrm{mm}^2$ realisiert wurde. Durch die Zusammenschaltung der standardisierten Backplanemodule können somit verschiedene Funktionsmodule zu einem Gesamtsystem verbunden werden. Als Funktionsmodule kommen hierbei standardisierte Sensor-, Pumpen-, Lichtquellen-, Aufbereitungs-, Steuer- und Regelmodule in Frage.

Die Standardisierung der Backplane- und Funktionsmodule bezieht sich hierbei insbesondere auf deren Schnittstellen und die Grundfläche. Die Funktionsmodule sollen daher in ihrer Konstruktion möglichst nur durch die Art und Bauweise der Schnittstellen an die Backplanemodule eingeschränkt sein, aber möglichst wenig in ihrer Funktionalität. Die Schnittstellen wurden im Rahmen der Arbeit realisiert durch (1) mechanisch reversibel lösbare Magnetkopplungen, (2) fluidische Dichtelemente, (3) sich mechanisch selbstzentrierende optische Kopplungen und (4) elektrische Federkontakte. Dieser Ansatz erlaubt eine variable und lösbare Zusammenschaltung der Module.

Im einfachsten Fall wird das Fluid durch Kanäle in der mikrofluidischen Backplane gepumpt und mit Hilfe der integrierten Mikroventile [Megnin 2012a] durch ausgewählte Funktionsmodule im System geleitet und dort analysiert. Für die optische Analyse wird Licht von zentralen oder externen Lichtquellen durch optische Fasern, die über optische Schalter gekoppelt sind, zu den optischen Sensoren in den Funktionsmodulen geleitet.

Die Funktionen des Systems können erweitert werden, indem weitere Funktionsmodule an das System angeschlossen werden. Dieses Konzept ermöglicht somit den Aufbau von konfigurierbaren und erweiterbaren Systemen, sowie die Senkung der Entwicklungs- und Fertigungskosten verschiedener Systeme, die auf derselben Plattform basieren. Auf Basis dieses Konzepts bieten sich insbesondere Anwendungen im Bereich der Umwelt- und Prozessanalyse an, bei denen verschiedene Messgrößen kontinuierlich überwacht werden sollen.

Gliederung

Im Anschluss an diese Einleitung werden in Kapitel 2 die Grundlagen der im System eingesetzten Bauelemente, Materialien und Herstellungstechnologien erläutert, sowie der Stand der Technik in der Forschung und in der industriellen Umsetzung von Integrationsplattformen für mikrofluidische, optische und optofluidische Systeme diskutiert. Kapitel 3 betrachtet die Ebene der mikrofluidischen Backplane, wobei zunächst die Konzepte zur Leitung des Fluids in ihrer konstruktiven Auslegung beschrieben werden, und anschließend auf die Herstellung und Charakterisierung der umgesetzten Prototypen eingegangen wird. Kapitel 4 befasst sich in ähnlicher Weise mit der Ebene der optischen Backplane. Die Ebene der elektronischen Backplane wird nicht eigenständig, sondern jeweils in Kombination mit den assoziierten Bauelementen der mikrofluidischen oder optischen Backplane betrachtet. In Kapitel 5 wird das Gesamtsystem der modularen Backplane inklusive einiger entwickelter Funktionsmodule dargestellt. Kapitel 6 bietet eine Zusammenfassung der vorliegenden Arbeit und einen Ausblick der Forschungs-, Entwicklungs- und Anwendungsmöglichkeiten des entwickelten modularen Systems.

2.   Grundlagen

Die im Rahmen dieser Arbeit entwickelte modulare Backplane dient der gezielten Versorgung variabel zusammengeschalteter mikrofluidischer oder optofluidischer Funktionsmodule mit Fluiden und Licht. Die entwickelten Module der Backplane wurden weitestgehend aus Polymermaterialien hergestellt und sind so ausgelegt, dass sie mit massenfertigungstauglichen Technologien gefertigt werden können.

2.1   Bauelemente optofluidischer Analysesysteme

Optofluidische Analysesysteme basieren auf der Kombination von mikrofluidischen, optischen und optofluidischen Bauelementen. Die hier entwickelte mikrofluidische Backplane besteht aus Fluidkanälen, Mikroventilen und fluidischen Kopplungen. Für die Umsetzung der optischen Backplane wurden Lichtwellenleiter, optische Schalter, optische Kopplungen und optische Beschichtungen eingesetzt. Zur Charakterisierung der Fluide wurden optofluidische Sensoren verwendet.

2.1.1 Mikrofluidische Bauelemente

In fluidischen Systemen kann das Fluid mittels Druckdifferenzen durch ein Netzwerk aus Kanälen gepumpt werden, die durch zwischengeschaltete Ventile verschaltet sind. Mikrofluidische Systeme basieren auf Elementen mit minimalen charakteristischen Strukturgrößen unterhalb von 100 µm. Während die Fluidkanäle der entwickelten Backplane größer sind, liegt die Strukturgröße der eingesetzten Mikroventile [Megnin 2012a], der mechanische Hub des Aktors und somit die Höhe der Ventilkammer, bei 10 - 50 µm. Das im Rahmen dieser Arbeit entwickelte mikrofluidische Netzwerk aus Fluidkanälen und Mikroventilen ist in Backplanemodulen integriert, die mittels fluidischen Kopplungen miteinander verbunden werden können.

Fluidkanäle

In integrierten mikrofluidischen Systemen werden statt Schläuchen in der Regel Fluidkanäle direkt in ein Substrat strukturiert, um die Systeme möglichst kompakt aufzubauen. Bei den hier angestrebten Anwendungen werden flüssige newtonsche Fluide, wie beispielsweise Wasser, durch die Fluidkanäle geleitet. Die Strömungsprozesse newtonscher Fluide können durch die Navier-Stokes Gleichungen beschrieben werden, da die hierbei vorherrschende Scherspannung proportional zur

Schergeschwindigkeit ist. Die meisten numerischen Simulationsprogramme liefern Näherungslösungen für diese Gleichungen. Die folgende Herleitung lehnt sich an [Bruus 2008] an.

Die Navier-Stokes Gleichungen zur Beschreibung isothermer Strömungsprozesse basieren auf der Erhaltung von Masse und Impuls, angewandt auf ein Kontinuum. Das Fluid kann als Kontinuum angenommen werden, wenn die Strukturgrößen wie im vorliegenden Fall deutlich größer sind als die Molekülgröße. Die zeitliche Ableitung der Masse m innerhalb eines Volumens Ω ergibt sich zu

$$\frac{\partial m}{\partial t} = \frac{\partial}{\partial t} \int_{\Omega} \rho \, d\Omega = \int_{\Omega} \frac{\partial \rho}{\partial t} \, d\Omega \qquad \text{(Gleichung 2.1)}$$

mit der Dichte ρ. Mit dem Gaußschen Theorem, das dem Vektorfeld der Strömungsgeschwindigkeit $\vec{v}$ innerhalb des Volumens Ω ein Skalarfeld des Flusses $\vec{\nabla}\left(\rho \vec{v}\right)$ durch die Oberfläche um das Volumen $\partial\Omega$ zuordnet, ergibt sich

$$\frac{\partial m}{\partial t} = -\int_{\partial\Omega} \vec{e}_n \cdot \left(\rho\vec{v}\right) da = -\int_{\Omega} \vec{\nabla} \cdot \left(\rho\vec{v}\right) d\Omega \qquad \text{(Gleichung 2.2)}$$

mit dem Oberflächenabschnitt da und dem zugehörigen Normalenvektor $\vec{e}_n$. Die Masse innerhalb eines Volumens ändert sich also nur durch Konvektion durch die das Volumen umschließende Oberfläche. Die Kontinuitätsgleichung der Masse lässt sich somit allgemein wie auch für inkompressible Fluide, für die die Dichte ρ zeitlich konstant ist, darstellen als

$$\frac{\partial \rho}{\partial t} = -\vec{\nabla} \cdot \left(\rho\vec{v}\right) \qquad \text{(Gleichung 2.3)}$$

$$\vec{\nabla} \cdot \vec{v} = 0 \quad , \text{ für } \frac{\partial \rho}{\partial t} = 0. \qquad \text{(Gleichung 2.4)}$$

Analog kann die Kontinuitätsgleichung des Impulses hergeleitet werden. Für den Fall inkompressibler Fluide ändert sich der Impuls $m\vec{v}$ innerhalb eines Volumens Ω durch Konvektion, Impulsübertragung und den Einfluss externer Felder, wobei die Impulsübertragung an der Oberfläche durch Druck und viskose Reibung auftreten kann. In Annahme, dass der Einfluss externer Felder vernachlässigt werden kann, ergibt sich für die zeitliche Ableitung des Impulses $\rho\vec{v}$

$$\frac{\partial(m\vec{v})}{\partial t} = \frac{\partial(m\vec{v})_{Konv}}{\partial t} + \frac{\partial(m\vec{v})_{Druck}}{\partial t} + \frac{\partial(m\vec{v})_{Visk}}{\partial t}$$

$$= \oint_{\Omega} \left(-\vec{\nabla}(\rho\vec{v}\,\vec{v}) - \vec{\nabla}p + \vec{\nabla}\cdot\vec{\vec{\sigma}}' \right) d\Omega$$

(Gleichung 2.5)

mit dem statischen Druck p und dem Spannungstensor $\vec{\vec{\sigma}}'$. Mit dem Gaußschen Theorem und der Annahme, dass die dynamische Viskosität eines inkompressiblen Fluids η konstant ist, lässt sich dieser Zusammenhang in Vektorschreibweise ausdrücken als

$$\rho\left(\frac{\partial\vec{v}}{\partial t} + \left(\vec{v}\cdot\vec{\nabla}\right)\vec{v} \right) = -\vec{\nabla}p + \eta\,\nabla^2\vec{v}\,.$$

(Gleichung 2.6)

Mit Hilfe der Navier-Stokes Gleichungen (Gleichungen 2.4 und 2.6) kann das Strömungsverhalten für viele Anwendungen beschrieben werden. Ihre Lösung, insbesondere die der nicht-linearen Impulsgleichung (Gleichung 2.6), ist allerdings aufwendig. Wenn das Verhalten keine Turbulenzen aufweist, lassen sich die Zusammenhänge in guter Näherung vereinfacht darstellen und somit leichter numerisch berechnen. Turbulenzen treten oberhalb einer bestimmten Strömungsgeschwindigkeit auf, die von der Kanalgeometrie, der Kanaloberfläche und den Eigenschaften des Fluids abhängig ist. Die Schwelle kann phänomenologisch mit der Reynoldszahl Re abgeschätzt werden, die für kreisrunde Kanäle mit ideal glatter Wand der einfachen Gleichung folgt

$$Re = \frac{\rho\,v_m d}{\eta}$$

(Gleichung 2.7)

mit der mittleren Geschwindigkeit v_m und dem Kanaldurchmesser d. Für große Reynoldszahlen $Re > 2300$ überwiegen Trägheitskräfte, also der Term $\rho\left(\vec{v}\cdot\vec{\nabla}\right)\vec{v}$ in Gleichung 2.6. In diesem Fall liegt turbulente Strömung vor, bei der das Fluid auch senkrecht zur Strömungsrichtung fließt und somit Turbulenzen auftreten. Für $Re < 2300$ überwiegen viskose Kräfte, also der Term $\eta\,\nabla^2\vec{v}$ in Gleichung 2.6. Es liegt in diesem Fall eine laminare Strömung vor, die zeitlich stationär parallel entlang des Kanals gerichtet ist. Die nicht-lineare Gleichung 2.6 kann in diesem Spezialfall zu einer linearen Gleichung vereinfacht werden

$$0 = -\vec{\nabla}p + \eta\,\nabla^2\vec{v}\,.$$

(Gleichung 2.8)

Für eine stationäre Strömung in einem Kanal mit konstantem Querschnitt kann angenommen werden, dass entlang des Kanals in Richtung der kartesischen Koordinate x der Druckabfall Δp translatorisch invariant und das Geschwindigkeitsfeld $\vec{v}(\vec{r}) = v_x \vec{e}_x$ konstant ist. Die Gleichungen können gelöst werden, indem geeignete Randbedingungen eingesetzt werden. Für laminare Strömung gibt die phänomenologisch basierte sogenannte Haftbedingung vor, dass an der Grenzfläche zur Kanalwand keine Strömung vorliegt. Folglich ergibt sich für den inneren Kanal sowie die Kanalwand das Geschwindigkeitsfeld

$$\left(\frac{\partial^2}{\partial x^2} + \frac{\partial^2}{\partial y^2} \right) v_x = -\frac{1}{\eta} \frac{dp}{dx} \qquad \text{(Gleichung 2.09)}$$

$$v_x = 0 \quad \text{, für die Kanalwand.} \qquad \text{(Gleichung 2.10)}$$

Hieraus kann die Durchflussrate Q durch die Querschnittsfläche A ermittelt werden

$$Q = \int dy\, dx\, \rho v_x \approx \frac{\rho}{2\eta} \frac{A^3}{P^2} \frac{dp}{dx}. \qquad \text{(Gleichung 2.11)}$$

Mikroventile

In fluidischen Schaltungen werden Ventile genutzt, um Kanäle öffnen und schließen zu können und das Fluid gezielt innerhalb des Systems zu leiten. In der einfachsten Ausführung des Schaltventils, dem 2/2-Wege-Ventil, das zwei fluidische Anschlüsse und zwei Schaltstellungen ausweist, öffnet oder schließt das Ventil die Verbindung zwischen den beiden angeschlossenen Kanälen (Abbildung 2.1).

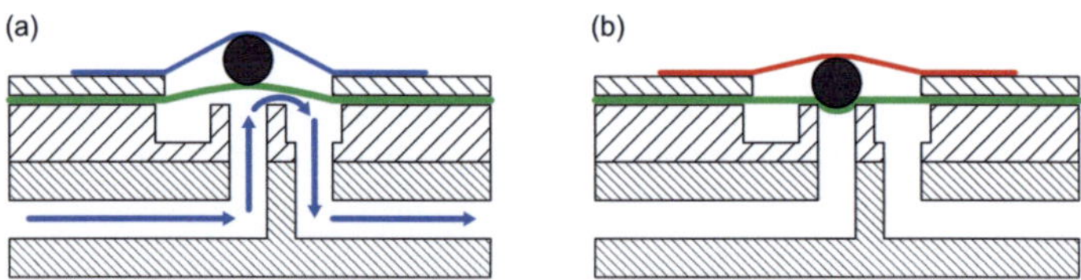

Abbildung 2.1: Schemata eines auf einer fluidischen Kanalplatte montierten FGL-Mikroventils (NO-Variante). (a) Geöffneter Schaltzustand. Der Fluidstrom ist mit blauen Pfeilen dargestellt, der ausgeschaltete Aktor blau und die Dichtmembran grün. (b) Geschlossener Schaltzustand. Der aufgeheizte Aktor ist rot dargestellt.

In komplexeren Ausführungen kann zwischen mehreren Kanälen oder Schalt-stellungen geschaltet werden. Dadurch kann bei geeigneter Konstruktion der fluidischen Schaltung die Anzahl an Ventilen im Vergleich zur 2/2-Wege-Variante eingespart werden. Für die im Rahmen dieser Arbeit entwickelte mikrofluidische Backplane wurden exemplarisch nur 2/2-Wege-Ventile integriert.

2/2-Wege-Ventile gibt es in drei Grundvarianten: (1) Normal-geöffnete Ventile (NO, englisch: normally open) sind im ausgeschalteten, stromlosen Grundzustand geöffnet und können durch Aktivierung eines Aktors geschlossen werden. (2) Normal-geschlossene Ventile (NC, normally closed) sind im Grundzustand geschlossen und so ausgelegt, dass der Ventilverschluss im Grundzustand mit einer Kraft vorgespannt ist, die größer ist als die durch den vorherrschenden Fluiddruck wirkende Kraft. Diese Kraft kann beispielsweise durch eine Feder oder eine vorgespannte elastische Membran erzeugt werden. Die Kraft des aktivierten Aktors wirkt entgegen der Kraft der Federelemente, um das Ventil zu öffnen. (3) Bistabile Ventile nehmen wahlweise einen von zwei energielos stabilen Schaltzuständen ein, [Barth 2011] zwischen denen mittels einer bidirektionalen Aktorik geschaltet werden kann. Je nach Anforderung kann durch eine geeignete Wahl der Ventilvarianten die durchschnittliche Betriebs-leistung der fluidischen Schaltung gesenkt werden.

Die entscheidenden Parameter bei der Auswahl der Mikroventile für die hier entwickelte Backplane waren neben der Baugröße (1) die sich bei einer anliegenden Druckdifferenz einstellende Durchflussrate, (2) der maximal schaltbare Fluiddruck und (3) die Schaltzeit, die zum Öffnen und Schließen des Ventils benötigt wird. Hierbei ergeben sich folgende Abhängigkeiten:

- Die Durchflussrate in Abhängigkeit der anliegenden Druckdifferenz ist durch den Anschlussquerschnitt und die maximale Auslenkung des Aktors bestimmt.

- Der maximal schaltbare Druck ist durch die Kraft des Aktors, die Gegenkraft der Federelemente und die Wirkfläche des Fluiddrucks (die im vorliegenden Fall der Grundfläche der Ventilkammer entspricht) bestimmt.

- Die Schaltzeit wird bei thermisch aktivierten Aktoren durch den Aufheiz- und Abkühlvorgang bestimmt. Die Vorgänge sind schneller, je geringer die Wärme-kapazität des Aktors und je höher die thermische Leitfähigkeit des Aktors und der angrenzenden Medien sind. Die thermische Leitfähigkeit steigt mit dem Verhältnis von Oberfläche zu Volumen des Aktors.

Die Aktoren der Ventile können beispielsweise auf thermopneumatischen, elektromagnetischen, elektrostatischen, piezoelektrischen Prinzipien basieren [Oh 2006], oder wie die im Rahmen dieser Arbeit verwendeten aus der thermisch aktivierbaren Formgedächtnislegierung (FGL) Nickel-Titan ($Ni_{51}Ti_{49}$) bestehen.

Die Funktionsweise von FGL-Aktoren basiert auf der temperaturabhängigen Umwandlung des Kristallgitters zwischen einer Nieder- und einer Hochtemperaturphase. Unterhalb der Formumwandlungstemperatur herrscht eine martensitische Phase mit kubisch-flächenzentrierter Kristallstruktur vor. Oberhalb dieser Temperatur liegt das Material in einer austenitischen Phase mit kubisch-raumzentrierter Kristallstruktur vor und übt bei vorhergehender Auslenkung eine Rückstellkraft aus.

Abhängig von der Materialzusammensetzung und vom Herstellungsprozess kann das Material bei der Abkühlung aus der Hochtemperaturphase einen Zwischenzustand einnehmen, bei der eine rhomboedrische Kristallstruktur vorliegt [Miyazaki 1986]. Dieser Zustand liegt beim hier verwendeten Material bei Raumtemperatur vor, sodass im Aktorbetrieb zwischen der rhomboedrischen Phase und der austenitischen Phase geschaltet wird [Grund 2009]. Die martensitische Niedertemperaturphase tritt im Aktorbetrieb also nicht auf, wodurch zwar die maximale Dehnung auf etwa 0,8 % (statt etwa 8 %) begrenzt ist, aber kürzere Schaltzeiten und eine geringere Heizleistung möglich sind, da keine Energie zur Phasenumwandlung aus der martensitischen Phase benötigt wird.

Bei den im Rahmen dieser Arbeit verwendeten Ventilen wird der aus einer Folie strukturierte FGL-Aktor im Betrieb durch eine Vorspannung pseudoelastisch aus der Ursprungsform gedehnt [Kohl 2002]. Durch einen Stromfluss kann die FGL aufgeheizt werden und übt ab einer materialspezifischen Formumwandlungs-temperatur (hier etwa 50°C) eine zusätzliche Kraft aus, die die FGL in ihre bei der Herstellung eingeprägte Ursprungsform reversibel zurückformt. Im Vergleich zu anderen Aktorprinzipien, benötigen FGL-Aktoren im Betrieb zwar verhältnismäßig viel Leistung, sind allerdings für den Einsatz in der Mikrosystemtechnik vorteilhaft, da sie eine hohe Energiedichte aufweisen. Dadurch können auch kleine FGL-Aktoren vergleichsweise viel mechanische Arbeit verrichten.

Fluidische Kopplung

Fluidische Kopplungen dienen der dichten Verbindung zwischen fluidischen Bauelementen, wie hier zwischen den Backplane- und Funktionsmodulen sowie zwischen den Mikroventilen und der fluidischen Kanalplatte.

An der Verbindungsfläche zwischen zwei Fluidanschlüssen sorgen elastische Dicht-elemente, wie Dichtmembranen oder O-Ringe im Zusammenwirken mit einer äußeren Anpresskraft für eine fluiddichte Verbindung. O-Ringe werden dabei in eine Nut eingefüht, die so ausgelegt ist, dass das Dichtelement durch die Anpresskraft bei der Verbindung der beiden beteiligten Module hinreichend gestaucht wird. Das Material des Dichtelements ist so auszuwählen, dass es für das verwendete Fluid nicht durch-lässig und chemisch resistent ist. Die vorhandene Anpresskraft muss ausreichen, um eine Anfangsdichtheit zu gewährleisten. Je geringer die Rauheiten des Dichtelements und der Verbindungsfläche und je höher die Elastizität des Dichtelements sind, desto höher ist die Dichtwirkung.

Die Kraft zum Verpressen der Dichtelemente wird hier von einer magnetischen Kopplung aufgebracht, bei der sich ein hartmagnetisches und ein weichmagnetisches Material anziehen. Beide Materialien sind ferromagnetisch, wodurch angelegte äußere magnetische Felder innerhalb des Materials verstärkt werden, unterscheiden sich aber in der Koerzitivfeldstärke und der Remanenzflussdichte, die bei Hartmagneten höher sind als bei Weichmagneten. Unterhalb der materialspezifischen Curie-Temperatur weisen Hartmagnete im Vergleich zu Weichmagneten auch ohne externes Magnetfeld eine hohe resultierende Magnetisierung auf und können nur durch hohe externe Magnetfelder ent- oder ummagnetisiert werden. Sie können somit innerhalb eines materialspezifischen Temperatur- und Magnetfeldbereichs als Permanentmagneten eingesetzt werden. Weichmagnete können durch externe Felder magnetisiert werden und teilweise eine höhere Sättigungsmagnetisierung aufweisen als Hartmagnete.

Das magnetische Feld zwischen einem scheibenförmigen Permanentmagneten und einer weichmagnetischen Metallplatte kann näherungsweise als homogen beschrieben werden. Aus dem Gaußschen Gesetz für Magnetfelder ergibt sich für die Grenzfläche zwischen Materie und Luft A die resultierende magnetische Flussdichte B, deren senkrechter Betrag stetig ist, entsprechend

$$\oint_A \vec{B} d\vec{A} = 0 \qquad\qquad \text{(Gleichung 2.12)}$$

$$\vec{e}_n \cdot \left(\vec{B}_2 - \vec{B}_1 \right) = 0 \quad , \quad \Delta h \to 0 \qquad\qquad \text{(Gleichung 2.13)}$$

mit dem Normalenvektor $\vec{e}_n$ und der Dicke der Grenzschicht Δh. Die resultierende Magnetkraft F_{mag} kann aus der Energie E_{mag} des vom Hartmagneten im Luftspalt s induzierten magnetischen Feldes H und der somit aufzuwendenden Arbeit zur Änderung dieser Energie näherungsweise ermittelt werden:

$$E_{mag} = \tfrac{1}{2}\,\mu_0 H^2 V \qquad\qquad\text{(Gleichung 2.14)}$$

$$F_{mag} = -\frac{\partial E_{mag}}{\partial s} = \tfrac{1}{2}\,\mu_0 H^2 A \qquad\qquad\text{(Gleichung 2.15)}$$

mit der magnetischen Permeabilität des Vakuums μ_0 und dem von den Magneten eingeschlossenen Volumen V.

Legierungen aus Neodym, Eisen und Bor (NdFeB) eignen sich besonders für die Herstellung von Permanentmagneten. In einer technisch vorteilhaften Zusammensetzung bilden sich ferromagnetische Domänen aus $Nd_2Fe_{14}B$, die von Nd-Bereichen umschlossen und somit magnetisch voneinander getrennt sind. Einerseits weisen die Eisenatome eine hohe spontane magnetische Polarisation auf, wodurch eine hohe Magnetisierung des Materials möglich ist. Andererseits erzeugt die Elektronenstruktur von $Nd_2Fe_{14}B$ eine starke Spin-Bahn-Kopplung, so dass sich die Magnetisierung an der Kristallstruktur ausrichtet. Wegen der uniaxial anisotropen Kristallstruktur von $Nd_2Fe_{14}B$ weist die Magnetisierung eine energetisch günstige Vorzugsrichtung auf, die bei der Herstellung in einem Sinterprozess durch das Anlegen eines hohen Magnetfelds bei hoher Temperatur eingeprägt wird.

Anders als bei reinem $Nd_2Fe_{14}B$ ist eine parallele Ausrichtung der Domänen energetisch günstig [Coey 1996]. Die dafür nötige mikrokristalline Struktur wird durch eine Körnung des anschließend gesinterten Grundmaterials sichergestellt [Matsuura 1987]. Durch den Zusatz von weiteren Materialien wie Dysprosium oder Terbium kann die Temperaturbeständigkeit von zunächst etwa 80°C erhöht werden. Des Weiteren können die Magnete zum Korrosionsschutz mit Materialien wie Nickel, Zinn oder Gold beschichtet werden.

2.1.2 Optische Bauelemente

In optischen Systemen wird Licht durch Netzwerke aus Lichtwellenleitern geleitet und mittels optischer Schalter zwischen oder auf verschiedene Elemente verteilt. In der hier entwickelten Backplane wurde Licht von externen oder internen Lichtquellen durch die über optische Kopplungen verbundenen Backplanemodule gezielt zu den Funktionsmodulen geleitet. Vorzugsweise werden zur Leitung von Licht in optischen Mikrosystemen integrierte Lichtwellenleiter oder optische Fasern eingesetzt. Die Ausbreitung des Lichts kann in beiden Fällen durch die Gesetze der Strahlenoptik oder der Wellenoptik beschrieben werden.

In der Wellenoptik wird Licht als transversale elektromagnetische Welle betrachtet. Aus den Maxwell-Gleichungen kann die Wellengleichung hergeleitet werden [Hecht 2009], die sich für das elektrische Feld $\vec{E}$ im Vakuum schreiben lässt als

$$\nabla^2 \vec{E} - \frac{1}{c_0{}^2} \frac{\partial^2}{\partial t^2} \vec{E} = 0 \qquad \text{(Gleichung 2.16)}$$

mit der Lichtgeschwindigkeit im Vakuum c_0. Die Lösung dieser Gleichung erlaubt in vielen Fällen eine genaue und umfassende Beschreibung der Lichtausbreitung, erfordern in der Handhabung aber erheblichen Rechenaufwand. Für viele praktische Anwendungen, die die Interaktion des Lichts mit Strukturen beschreiben, deren Abmessungen deutlich größer als die Wellenlänge des Lichts sind, werden in der Praxis jedoch die Näherung der Strahlenoptik genutzt.

Lichtwellenleiter

Nach dem strahloptischen Modell wird Licht in dielektrischen Lichtwellenleitern durch Totalreflexion im Kern des Lichtwellenleiters geführt. Ein grundlegendes Modell eines Lichtwellenleiters ist der zweidimensionale Schichtwellenleiter, bei dem eine Schicht eines optisch dichten Kernmaterials (mit hohem Brechungsindex) von zwei optisch dünneren Mantelschichten (mit niedrigeren Brechungsindizes) umschlossen ist.

Licht kann durch die Stirnfläche in den Lichtwellenleiter eingekoppelt werden, wobei der Lichtstrahl beim Übergang vom optisch dünneren ins optisch dichtere Medium gebrochen wird

$$n_0 \sin \Theta_0 = n_k \sin \Theta_k \qquad \text{(Gleichung 2.17)}$$

mit den Brechungsindizes der Umgebung n_0 und des Kerns n_k sowie dem Einfallswinkel Θ_0 und dem Ausfallswinkel Θ_k. Hierbei muss der Einfallswinkel derart sein, dass der Strahl innerhalb des Lichtwellenleiters an der Grenzfläche zwischen Kern und Mantel den Winkel der Totalreflexion Θ_{mT} nicht überschreitet, wobei gilt

$$\Theta_{mT} = \arcsin\left(\frac{n_m}{n_k}\right) \qquad \text{(Gleichung 2.18)}$$

mit dem Brechungsindex des Mantels n_m. Bei einem größeren Einfallswinkel wird der Strahl aus dem Kern gebrochen (Abbildung 2.2). Dieses materialspezifische Verhalten lässt sich auch durch die Numerische Apertur NA ausdrücken

$$NA = \sin(\Theta_{0T}) = n_k \sin(\Theta_{kT}) = n_k \cos(\Theta_{mT})$$
$$= \sqrt{n_k^{\,2} - n_m^{\,2}}$$

(Gleichung 2.19)

mit dem Einfallswinkel Θ_{0T} und Ausfallswinkel Θ_{kT}, die den Strahl an der Stirnfläche so brechen, dass er im Grenzwinkel der Totalreflexion Θ_{mT} auf die Grenzfläche zwischen Kern und Mantel auftrifft.

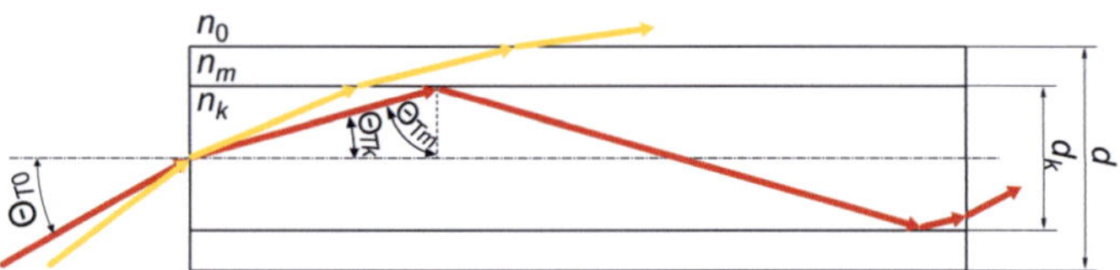

Abbildung 2.2: Schema der geführten Optik in einem ebenen Lichtwellenleiter. Strahlenoptische Betrachtung eines geführten Strahls (rot) und eines in den Mantel gebrochenen Strahls (gelb).

Optische Fasern sind rotationssymmetrische Lichtwellenleiter, deren optisch dichter Kern von einer optisch dünneren Mantelschicht umgeben ist. Liegen die an der Stirnfläche einfallenden Lichtstrahlen in einer Ebene, die durch die Faserachse verläuft, entspricht dies dem Modell des Schichtwellenleiters. Die Angabe der Numerischen Apertur einer optischen Faser bezieht sich auf diese sogenannten Meridionalstrahlen. Strahlen die nicht durch die Faserachse laufen, treffen im Allgemeinen entlang der Faser in verschiedenen Winkeln auf die Grenzschicht zwischen Kern und Mantel. Für diese Strahlen reduziert sich folglich der Winkelbereich, in dem sie auf die Stirnfläche der Faser eintreffen und geführt werden.

Optische Fasern sind zwar nicht direkt auf einem Substrat fixiert und müssen im System montiert werden, haben im Vergleich zu integrierten Lichtwellenleitern aber den Vorteil durch Faserkopplungen technisch einfacher und mit geringeren Verlusten gekoppelt werden zu können [Eberlein 2005]. Fasern sind in den meisten Anwendungen aus Glas gefertigt. Für kurze Leitungen werden alternativ auch Polymerfasern eingesetzt, bei denen neben der für die Kommunikationstechnik relevanten höheren Dispersion auch höhere Leitungsverluste auftreten. Der Dämpfungsbelag liegt bei einer Wellenlänge von 600 nm in der Größenordnung von etwa 100 dB/km, im Vergleich zu etwa 10 dB/km bei Glasfasern. Die Hauptursache für die materialspezifischen Leitungsverluste ist die Anregung von mechanischen Schwingungen der molekularen Bindungen, in PMMA insbesondere zwischen Kohlenstoff- und Wasserstoffatomen [Graf 1999]. Die absoluten Unterschiede sind bei kurzen Übertragungslängen unterhalb einiger Meter vernachlässigbar. Im Rahmen dieser Arbeit wurden Fasern aus Polymeren eingesetzt, da deren leichtere Handhabung es erlaubt die Stirnflächen der Fasern manuell zu schneiden und zu polieren.

Aus der wellenoptischen Beschreibung optischer Fasern ergeben sich bestimmte Feldverteilungen, die die Wellengleichung unter den Randbedingungen der Faser lösen. Diese als Moden bezeichneten Feldverteilungen bedeuten für die Strahlenoptik, dass nur in bestimmten diskreten Winkeln eingekoppelte Strahlen in der Faser ausbreitungsfähig sind. Die Anzahl an ausbreitungsfähigen Moden N können nach folgender Formel [Ziemann 2007] näherungsweise berechnet werden

$$N = 2\left(\frac{\pi\, r_k\, NA}{\lambda}\right)^2 \qquad\qquad \text{(Gleichung 2.20)}$$

mit der Wellenlänge λ, wobei für unterschiedliche Wellenlängen unterschiedliche Moden ausbreitungsfähig sind. Wenn der Lichtwellenleiter mehrere Moden unterstützt, treten bei einer breitbandigen Quelle wie einer Leuchtdiode (LED, englisch: light emitting diode) mehr Moden als bei einem monochromatischen Laser auf. Je höher die Anzahl an Moden ist, desto mehr überlagern sich deren Anteile und führen zu einer kontinuierlichen Intensitätsverteilung über den Faserquerschnitt, die entlang der Faser konstant ist.

Da Licht mit möglichst geringen Verlusten von der Lichtquelle zum Sensor geleitet werden soll, gibt es Anforderungen an die Handhabung der optischen Fasern. Eine Anforderung resultiert aus den Eigenschaften des Fasermantels, da das evaneszente Feld trotz Totalreflexion in den Fasermantel hineinragt. Dieser sogenannte Goos-Hänchen Effekt kann strahlenoptisch als eine Verschiebung der Reflexionsebene in das optisch dünnere Medium betrachtet werden [Goos 1947]. Der Dämpfungsbelag ist im Mantel einer Polymerfaser in der Regel deutlich höher als im Faserkern, so dass dort verstärkt Leitungsverluste auftreten [Ziemann 2007]. Zusätzlich zu Verlusten im Faserkern, treten also auch Verluste durch Kratzer und Risse im Mantel auf, da diese als Streuzentren wirken und somit in Verlusten entlang der Faser resultieren.

Eine weitere Ursache von Verlusten ist die Biegung von optischen Fasern. Je geringer der Biegeradius der Faser ist, desto mehr Licht strahlt aus dem Kern der Faser aus. In der strahlenoptischen Beschreibung treten diese Verluste auf, weil am Außenradius der Faser die Einfallswinkel einiger Lichtstrahlen den kritischen Winkel der Totalreflexion überschreiten. Je höher die Numerische Apertur und je kleiner der Kerndurchmesser, desto geringer sind die Biegeverluste. Darüber hinaus hängen die Verluste stark von der Dämpfung im Mantelmaterial ab, da das Feld weiter in den Mantel reicht und dort folglich stärker absorbiert wird.

Optische Schalter

Um Licht zwischen verschiedenen optischen Fasern zu schalten, können optische Schalter in das Netzwerk integriert werden. In kommerziell erhältlichen optischen Systemen werden meist opto-mechanische Schalter eingesetzt, bei denen bewegliche Spiegelelemente das Licht zwischen verschiedenen Lichtwellenleitern schalten. Alternativ können wechselnde, verformbare oder steuerbare refraktive, diffraktive oder optisch nicht-lineare Elemente in den Strahlengang zwischengeschaltet werden. Beispielsweise können Flüssigkeitstropfen [Yu 2009], nanostrukturierte diffraktive Linsen [Pfeiffer 2001] oder photonische Kristalle [Beggs 2009] eingesetzt werden. Die optischen Elemente können unter anderem mittels elektrischer oder magnetischer Felder, sowie Wärme, akustischer Wellen oder Fluidströmen gesteuert werden. In dieser Arbeit wurden opto-mechanische Schalter entwickelt, da sie gut skalierbar sind und somit an die Dimensionen des optischen Netzwerks angepasst werden können.

Es gibt eine Reihe verschiedener opto-mechanischer Schalter, die bisher insbesondere in der Datenübertragung und Kommunikation eingesetzt wurden. Der Großteil dieser Schalter basiert auf steuerbaren mikroelektromechanischen (MEMS, englisch: micro-electromechanical systems) Spiegeln, die aus ihrer Ruheposition ausgelenkt werden können. MEMS-Spiegel werden mittels verschiedener Methoden der Siliziummikro-mechanik hergestellt [Menz 2005] und sind entweder als Einzelspiegel oder als Matrix von bis zu 10^7 Mikrospiegeln aufgebaut.

Die in einer Matrix angeordneten Mikrospiegel (*Texas Instruments*, DMD: Digital Micromirror Device) werden hauptsächlich für Projektionsdarstellungen eingesetzt. Sie haben eine verspiegelte Oberfläche von typischerweise 14 µm × 14 µm, sind elektrostatisch um etwa +/- 10° rotatorisch auslenkbar und nehmen dabei einen von zwei stabilen Positionen ein, die durch mechanische Anschläge bestimmt werden.

Alternativ dazu gibt es Einzelspiegel mit einem Spiegeldurchmesser von typischer-weise 1 - 2 mm, die vorzugsweise ebenfalls elektrostatisch bewegt werden. Die Bewegung kann entweder ein- oder zweiachsig sowie statisch oder in mechanischer Resonanz erfolgen.

- In Resonanz betriebene Spiegel rastern im Betrieb einen Winkelbereich ab und lenken das Licht somit harmonisch ab. Aufgrund des Arbeitspunkts in der Nähe ihrer mechanischen Resonanzfrequenz zeichnen sie sich durch einen vergleichs-weise hohen maximalen Auslenkwinkel aus und werden beispielsweise für Strichcodeleser eingesetzt [Wolter 2004].

- Der mögliche maximale Auslenkwinkel statisch positionierbarer Spiegel ist in der Regel geringer. Zudem ist für die genaue Positionierung eine umfangreichere Regelelektronik nötig [Kießling 2007].

Optische Kopplung

Die bei der Verbindung von Fasern auftretenden Kopplungsverluste sind in der Regel höher als Leitungsverluste innerhalb der Fasern und müssen somit durch geeignete Kopplungen minimiert werden. Bei passiven Kopplungen, mit denen Licht direkt aus einer Faser in eine andere Faser eingekoppelt wird, werden im einfachsten Fall die beiden Stirnflächen der Fasern in Kontakt gebracht. Durch Wahl identischer Fasertypen können auftretende intrinsische Kopplungsverluste, die beispielsweise durch unterschiedliche Numerische Apertur, Brechungsindizes oder Faserdurchmesser hervorgerufen werden, vernachlässigt werden. Extrinsische Verluste, wie sie durch Oberflächenrauheit und dadurch bedingte Streuung, oder durch Versatz der Stirnflächen verursacht werden, treten durch Fertigungstoleranzen der Fasern oder Faserhalter auf. Zur optischen Kopplung zwischen zwei Modulen wurden im Rahmen dieser Arbeit mechanisch selbstzentrierende Faserhalter konstruiert.

Die Oberflächenrauheit der Stirnflächen kann bei Polymerfasern durch manuelles oder automatisiertes Polieren reduziert werden [Ma 2002]. Zusätzlich kann ein Brechungsindexgel in den Spalt zwischen den Stirnflächen eingebracht werden, das den gleichen Brechungsindex wie die beiden Faserkerne hat, und so zwei optische Grenzflächen vermieden werden.

In Annahme einer gleichverteilten Intensität über die Stirnfläche der ersten Faser können die Verluste durch radialen Versatz P_{rad} und axialen Versatz P_{axi} der Faserenden (Abbildung 2.3) angenähert berechnet werden durch

$$P_{rad}[dB] = 10\log\left(\frac{A_{kop}}{A_{ges}}\right) \approx 10\log\left(\frac{\pi\, d_k^{\,2}}{\pi\, d_k^{\,2} - 4 d_k\, s_{rad}}\right) \qquad \text{(Gleichung 2.21)}$$

$$P_{axi}[dB] \approx 10\log\left(\frac{1 - 2\, NA\, s_{axi}}{3 d_k\, n_0}\right) \qquad \text{(Gleichung 2.22)}$$

mit der Stirnfläche A_{ges} der ersten Faser, der überstrahlten Stirnfläche der zweiten Faser A_{kop}, dem radialen Versatz s_{rad}, dem Durchmesser des Faserkerns d_k, dem axialen Versatz s_{axi} [Ziemann 2007]. Bei gleicher absoluter Fertigungstoleranz steigen somit die relativen Kopplungsverluste mit dem Kerndurchmesser der Fasern.

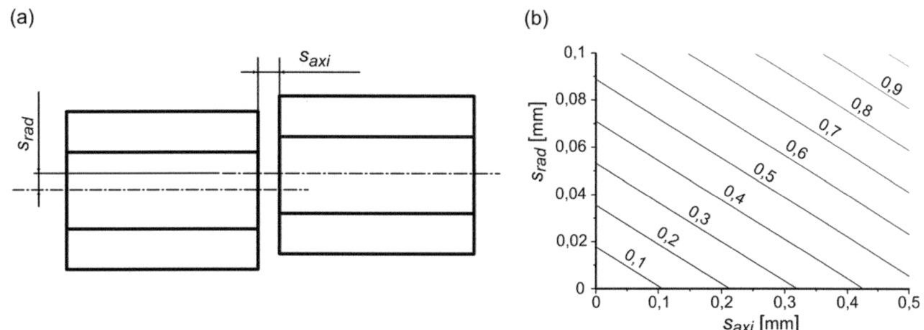

Abbildung 2.3: Optische Faserkopplung. (a) Schema der Stirnkopplung. (b) Kopplungs-verluste [dB] in Abhängigkeit des radialen Versatzes s_{rad} und axialen Versatzes s_{axi} zwischen Fasern mit Kerndurchmessern von 0,98 mm und einer Numerischen Apertur von 0,25.

Bei einer Freistrahlkopplung zwischen zwei optischen Elementen muss beachtet werden, dass in einem bestimmten Bereich um den geometrischen Strahlengang eines Lichtstrahls, der sogenannten 1. Fresnelzone, keine absorbierenden Objekte positioniert werden dürfen [Glaser 1997]. Der Durchmesser der 1. Fresnelzone d_{FZ} beträgt im Zentrum zwischen Lichtquelle und Empfänger

$$d_{FZ} = \sqrt{\lambda l}$$ (Gleichung 2.23)

mit dem Abstand l zwischen der Lichtquelle und dem Punkt, zu dem eine verlustfreie Übertragung gewährleistet werden soll.

Optische Beschichtung

Durch den Einsatz von optischen Beschichtungen können die Transmissions- und Reflexionseigenschaften einer Grenzfläche gezielt geändert werden. Im Rahmen dieser Arbeit wurden dielektrische Schichten auf transparente optische Elemente aufgetragen, um die Reflexion an der Grenzfläche zu verringern. Des Weiteren wurden metallische Schichten aufgetragen, um Spiegel zu erzeugen.

Beim Einfall eines Lichtstrahls auf der Grenzfläche zwischen zwei transparenten Medien mit den unterschiedlichen Brechungsindizes n_0 und n_1 tritt Reflexion auf. Um ungewünschte Reflexionen zu minimieren, ist eine Auslegung optischer Bauelemente vorteilhaft, bei der die Oberflächen nahezu senkrecht zum Strahlengang stehen. Für senkrechten Einfall gilt für die Reflektivität R

$$R = \frac{I_r}{I_e} = \left(\frac{n_1 - n_0}{n_1 + n_0} \right)^2$$ (Gleichung 2.24)

mit der Intensität des reflektierten und einfallenden Lichts I_r und I_e. Bei einem Übergang zwischen Quarzglas ($n_1 = 1{,}46$) und Luft ($n_0 = 1$) ergibt sich beispielsweise $R = 3{,}5\ \%$. Reflexionen innerhalb eines Strahlengangs wirken als Verluste. Diese Verluste können reduziert werden, indem auf die Grenzfläche eine Antireflexionsschicht aus einem transparenten Material aufgetragen wird, dessen Brechungsindex zwischen den Brechungsindizes der beiden angrenzenden Medien liegt. Für optische Bauelemente wird häufig Magnesiumfluorid (MgF_2, $n = 1{,}38$) eingesetzt, wodurch sich die Reflexionsverluste an einer Grenze zwischen Quarzglas und Luft nach Gleichung 2.24 auf $R = 2{,}6\ \%$ reduzieren. Um die Reflektivität weiter zu verringern, können Interferenzeffekte genutzt werden. Bei geeigneter Wahl der Schichtdicke d, überlagern sich die an den beiden Grenzflächen reflektierten Wellen destruktiv, wenn

$$n_s\, d = \frac{\lambda}{4} + \lambda\, i \qquad \text{(Gleichung 2.25)}$$

mit dem Brechungsindex der Schicht n_s und einem ganzzahligen Parameter i. Durch mehrere dielektrische Schichten übereinander können die Verluste weiter reduziert werden und breitbandige Antireflexionsschichten erzeugt werden.

Spiegel können durch die Beschichtungen mit geeigneten Metallen hergestellt werden [Hass 1982]. Die freien Elektronen des Metalls werden durch das elektrische Feld einer einfallenden elektromagnetischen Welle in Schwingung gebracht und emittieren wiederum elektromagnetische Wellen. Um Licht effektiv zu reflektieren, müssen im Material also viele freie Elektronen vorhanden sein. Gebundene Elektronen absorbieren hingegen bestimmte Spektralanteile des Lichts und wandeln die Energie teilweise in Wärme um. Für sichtbares Licht bieten sich Schichten aus Aluminium (Al) oder Silber (Ag) an, die in diesem Spektralbereich etwa 90 - 96 % reflektieren.

Rauheiten auf Oberflächen erzeugen diffuse Streuung des Lichts und somit Verluste im optischen Strahlengang. Für senkrecht auf eine Spiegeloberfläche auftreffendes Licht, bei Annahme gaußförmig verteilter Rauheitswerte, die deutlich kleiner als die Wellenlänge sind, ergibt sich für die Reflektivität R [Riesenberg 1987]

$$R = R_0 \left(1 - \left(\frac{4\pi R_q}{\lambda} \right)^2 \right) \qquad \text{(Gleichung 2.26)}$$

mit der Reflektivität ohne Rauheit R_0, der quadratischen Rauheit R_q und der Wellenlänge λ (Abbildung 2.4). Zur Herstellung von optischen Elementen müssen also Verfahren eingesetzt werden, mit denen sich glatte Oberflächen erzeugen lassen.

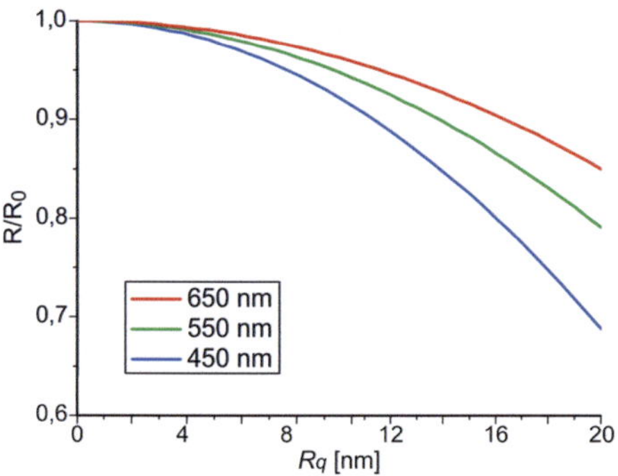

Abbildung 2.4: Relative Reflektivität R/R_0 spiegelnder Oberflächen als Funktion der quadratischen Rauheit R_q nach Gleichung 2.26 für verschiedene Wellenlängen.

Die Reflexionsschichten können durch Vakuumprozesse wie Aufdampfen oder Kathodenzerstäuben aufgetragen werden. Die für effiziente Reflexion benötigten Schichtdicken liegen typischerweise bei 50 - 150 nm, wobei die Schichtdicke von Al mindestens 30 nm und von Ag mindestens 70 nm betragen sollte [Krujatz 2003]. Anders als die meisten anderen Metalle bilden Al und Ag beim Schichtaufbau diffusionsbedingt Agglomerate, wodurch die Oberflächenrauheit steigt. Um diesen Effekt zu reduzieren und glatte Oberflächen zu erzeugen, kann das Substrat beim Beschichtungsprozess gekühlt werden [Haas 1982].

Al bildet an der Luft eine natürliche 1 - 5 nm dicke Oxidschicht, die die Spiegeloberfläche transparent passiviert. Die dadurch entstehende Reflexionsfläche weist geringe Rauheit auf, wohingegen die Reflektivität einer Ag-Oberfläche durch natürliche Oxidation stark sinkt. Zur Passivierung von Ag kann eine transparente Schicht aus MgF_2 aufgetragen werden [Krujatz 2003].

2.1.3 Optofluidische Bauelemente

Durch die Kombination von optischen und mikrofluidischen Bauelementen lassen sich kompakte optofluidische Systeme realisieren, wobei in der vorliegenden Arbeit optische Sensoren zur Analyse von Fluiden dazugezählt werden. Die Interaktion zwischen Licht und Fluid kann vielfältig genutzt werden, indem entweder die fluidischen Eigenschaften geregelt werden und dadurch die optischen Eigenschaften indirekt manipuliert werden, oder umgekehrt. Diese Effekte können beispielsweise für die Entwicklung von fluidisch stimmbaren Lasern, regelbaren Linsen und Lichtwellenleitern sowie zur optischen Manipulierung von Tropfen oder Fluidströmungen genutzt werden [Fainman 2010], [Hawkins 2010]. In der vorliegenden Arbeit wird die Interaktion zwischen Licht und Fluid für die Analyse der Eigenschaften des Fluids und der vom Fluid transportierten Teilchen genutzt.

Optofluidische Sensoren

Optofluidische Sensoren basieren auf der Analyse der optischen Eigenschaften des Fluids oder der vom Fluid transportierten Teilchen. Typischerweise werden dabei Transmissions-, Reflexions- oder Emissionseigenschaften analysiert. Die Änderung des am optischen Detektor gemessenen Signals, wie beispielsweise Intensität des Lichts, Resonanzfrequenz oder Interferenzsignal, wird auf eine Änderung dieser Eigenschaften zurückgeführt. Die Sensoren müssen also in der Regel kalibriert oder die Messdaten mit einer Referenzmessung verglichen werden. Im Vergleich zu anderen Analysemethoden bieten optische Methoden den Vorteil, dass sie berührungs-frei, schnell, sensitiv und für den Nachweis biologischer Bestandteile potentiell markerfrei sind [Armani 2007], [Fan 2008], [Carlborg 2010].

In der Interaktionszone eines optofluidischen Sensors überlagern sich die elektro-magnetischen Wellen und das Fluid. Die Interaktionszone ist abhängig von der eingesetzten Analysemethode so konstruiert, dass der Strahlengang des Lichts den Fluidkanal schneidet, am Fluidkanal angrenzt oder reflektiert wird.

Aus dem Detektionssignal des transmittierten Anteils von Licht bestimmter Wellen-länge können beispielsweise normierte Trübungswerte (DIN ISO 7027) oder spektrale Absorptionskoeffizenten (SAK$_{436nm}$, DIN ISO 7887) des Fluids ermittelt werden. Diese Ergebnisse werden bei der Trinkwasseraufbereitung genutzt und mit Richt-werten verglichen. Hierfür werden entweder monochromatische Lichtquellen oder breitbandige Lichtquellen in Kombination mit optischen Filtern eingesetzt. Das durch den Interaktionskanal transmittierte Signal wird typischerweise von einer Photodiode detektiert. Alternativ zur Selektion einzelner Wellenlängen kann mittels eines Spektrometers auch ein kontinuierliches Spektrum analysiert werden.

Durch in die Interaktionszone integrierte Signalwandler kann eine zu untersuchende Eigenschaft wie ein Brechungsindexunterschied in ein zu messendes Signal geändert werden. Als Signalwandler können beispielsweise photonische Kavitäten basierend auf Oberflächenplasmonen [Homola 2008], Flüstergalleriemoden [Armani 2007], [Grossmann 2010], photonischen Kristallen [Choi 2006] oder Lasern mit verteilter Rückkopplung (DFB, englisch: distributed feedback) [Christiansen 2009] integriert werden. Dadurch kann neben der Änderung der Intensität, auch die Änderung der Resonanzfrequenzen detektiert werden. Frequenzen können zum einen in der Regel mit einer höheren Sensitivität gemessen werden als Intensitäten, und zum anderen durch die Kombination aus beiden Signalen mitunter eine genauere Analyse ermöglichen. Als alternative Signalwandler können an die zu detektierenden Substanzen spezifisch Fluoreszenzmarker gebunden werden. Dieses Verfahren hat gegenüber markerfreien Methoden allerdings die Nachteile, dass die nötige Aufbereitung aufwendig ist und das Fluid sowie die Kanäle dadurch verunreinigt werden.

Im Rahmen dieser Arbeit wurden zur Charakterisierung der hergestellten Prototypen Transmissions- und Fluoreszenzmessungen durchgeführt. Als Sensoren wurden dafür Photodioden und Spektrometer eingesetzt.

2.2   Materialien und Methoden

Aufbauend auf den Kenntnissen der Mikroelektronik werden viele Strukturen in der Mikrosystemtechnik in Silizium mit den dafür entwickelten Reinraumprozessen hergestellt. Allerdings sind diese Prozesse nur für sehr kleine Bauteile und sehr große Stückzahlen kostengünstig, wie beispielsweise bei MEMS-Sensoren für die Automobil- oder Unterhaltungselektronik. Da sich aus Polymermaterialien mit den dafür angepassten Technologien viele Strukturen kostengünstiger herstellen lassen, werden vermehrt Bauteile aus Polymeren gefertigt, so wie auch die im Rahmen dieser Arbeit entwickelte modulare Backplane.

2.2.1 Polymere

Die hier entwickelten Bauteile bestehen bis auf die Aktoren sowie optischen und elektronischen Bauelemente aus Polymeren. Polymere sind chemische Verbindungen aus Molekülketten, die ihrerseits aus Monomeren zusammengesetzt sind. Die Polymerketten sind entweder amorph, also vollständig unregelmäßig angeordnet, oder teilkristallin, also teilweise zueinander ausgerichtet. Je höher der Kristallisationsgrad ist, desto höher sind Zugfestigkeit, Elastizitätsmodul, chemische Beständigkeit sowie die Glasübergangs- und Schmelztemperatur des Materials [Menges 2002].

Thermoplaste

In Thermoplasten bilden sich zwischen den Polymerketten kovalente Bindungen aus, die thermisch reversibel wieder aufgetrennt werden können. Dadurch sind Thermoplaste zwar bei Raumtemperatur formstabil, lassen sich aber in einem bestimmten Temperaturbereich oberhalb der materialspezifischen Glasübergangstemperatur reversibel verformen, ohne dass sich die Polymerketten thermisch zersetzen. Für die

Herstellung der Prototypen wurden Polymethylmethacrylat (PMMA), Cyclo-Olefin-Copolymer (COC) und Polyphenylensulfid (PPS) als Substratmaterialien eingesetzt. PMMA wurde für die Herstellung von Linsen und Gehäusen eingesetzt, COC für fluidische Bauelemente, sowie PPS für Gehäuse. Zudem wurden Versuche mit chemisch und thermisch hoch stabilem Polyetheretherketon (PEEK) durchgeführt.

PMMA ist amorph und zeichnet sich durch geringe Materialkosten, gute optische Eigenschaften sowie eine gute spanende und abformende Strukturierbarkeit aus. COC ist ebenfalls amorph und bietet gute chemische Beständigkeit gegenüber Säuren, Laugen und polaren Lösungsmitteln sowie gute optische Eigenschaften [Shin 2005]. COC ist wegen der optischen Transparenz und der guten Mischbarkeit mit Ruß zur Bauteilverbindung mittels Lasertransmissionsschweißens besonders geeignet. PPS ist ein teilkristallines Polymer mit guter chemischer und thermischer Beständigkeit, das sich sowohl spanend als auch mittels Abformung gut strukturieren lässt. PEEK ist ebenfalls teilkristallin und weist einerseits eine hohe chemische und thermische Beständigkeit auf, eignet sich zudem gut zum Ultraschallschweißen, ist andererseits aber nur bei hohen Temperaturen und mit Prozessparametern innerhalb enger Toleranzen abzuformen [Worgull 2011].

Elastomere

Elastomere sind Materialien, die sich durch eine äußere Kraft relativ weit verformen lassen und anschließend wieder in den ursprünglichen Zustand zurückgehen. Dieses Verhalten lässt sich für fluidische Dichtelemente einsetzen. Die hohe Elastizität resultiert aus der bei Raumtemperatur vorliegenden geringeren Bindungsanzahl zwischen den Molekülketten im Vergleich zu Thermoplasten. Allerdings sind die vorhandenen chemischen Bindungen thermisch nicht wieder lösbar, so dass die bei der Vulkanisation eingeprägte Form nicht mehr geändert werden kann. Im Rahmen dieser Arbeit wurden dafür Ethylen-Propylen-Dien-Kautschuk (EPDM) und Poly-organosiloxan (Silikon) eingesetzt. EPDM zeichnet sich durch den geringen Preis und eine gute Dichtheit gegenüber Wasser aus. Silikon gibt es in verschiedenen Varianten und hat den Vorteil einer einfachen Formgebung beim Herstellungsprozess.

2.2.2 Strukturierungstechnologien

Die mechanische Bearbeitung eines Polymersubstrats kann entweder mit direkten, seriellen Strukturierungstechnologien durchgeführt werden oder durch indirekte, parallele Replikation eines strukturierten Formwerkzeugs. Für kleine Stückzahlen ist direkte Strukturierung, wie durch Mikrozerspanung vorteilhaft, da Änderungen der

Geometrie der Prototypen leicht umgesetzt werden können. Für mittlere und große Stückzahlen bieten sich Replikationsverfahren wie Heißprägen, Spritzgießen oder Spritzprägen an. Sie sind insbesondere für die Fertigung von flachen oder dünnwandigen Bauteilen vorteilhaft, wie hier den fluidischen Kanalplatten oder Modulgehäusen, da die nötigen Abkühlzeiten auf die Entformungstemperatur kurz sind. In diesen Fällen werden beispielsweise mittels Mikrozerspanung hergestellte Formwerkzeuge genutzt, die das Negativ der zu realisierenden Struktur darstellen und anschließend in das Polymer übertragen werden. Die meisten im Rahmen dieser Arbeit hergestellten Prototypen wurden wegen der niedrigen Rüstkosten mittels Mikrozerspanung strukturiert, sind aber so ausgelegt, dass ihre Geometrie die Replikation mit parallelen Fertigungsverfahren erlaubt.

Mikrozerspanung

Mit an die Mikrostrukturierung angepassten Zerspanungsverfahren wie Fräsen, Drehen und Bohren können kleine Strukturen mit Abmessungen unterhalb von 0,1 mm erzeugt werden [Jackson 2007]. Im Rahmen dieser Arbeit wurden Strukturgrößen von minimal 0,4 mm realisiert.

Um diese Strukturen herstellen zu können, werden Maschinen eingesetzt die mit (1) hoher Positionsgenauigkeit fertigen können, und die mit (2) hohen Drehzahlen arbeiten, um die auf das Werkzeug wirkenden Schnittkräfte zu verringern. Hohe Drehzahlen sind darüber hinaus erforderlich, um eine Verbiegung oder Zerstörung des Werkzeugs zu verhindern. Zudem muss für die Herstellung von Flächen hoher Güte das Verhältnis zwischen Schneidgeschwindigkeit und Vorschub, die translatorische Bewegung des Werkzeugs, möglichst groß sein [Tschätsch 2008]. Wenn hohe Drehzahlen eingesetzt werden, kann die Bearbeitungszeit also verkürzt werden. Eine Herausforderung der Zerspanung von Mikrostrukturen im Vergleich zu den herkömmlichen Verfahren ist das Einspannen der Werkstücke: Kleine Werkstücke müssen daher hierfür teilweise auf eine Halterung klebend fixiert werden, und dünne Platten mittels Unterdrucks an einer perforierten Vorrichtung und angeschlossener Vakuumpumpe gehalten werden.

Als Werkzeugmaterial bieten sich wegen der erforderlichen Härte Keramiken, Hartmetalle und Diamant an, wobei Wolframcarbid am häufigsten verwendet wird, da es auch bei hohen Temperaturen einen hohen Härtegrad aufweist und anders als Diamant keine chemische Verbindung mit Eisen eingeht.

Beim Fräsen tragen die Schneiden des rotierenden Werkzeugs das Material des Werkstücks ab (Abbildung 2.5a). Das Werkstück und Werkzeug werden dabei relativ zueinander bewegt, so dass das Material durch die Schneiden schrittweise abgetrennt wird. Da das Werkzeug frei über das Werkstück bewegt werden kann, ist die Herstellung von komplexen Strukturen möglich.

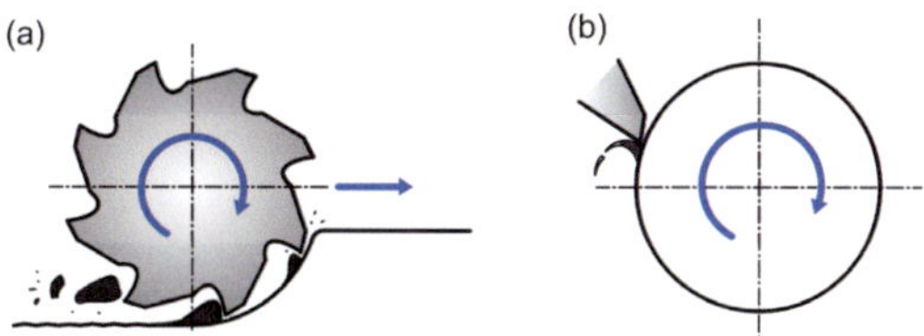

Abbildung 2.5: Schemata verschiedener Verfahren der Mikrozerspanung. (a) Fräsen. Die Rotation und der Vorschub des Werkzeugs sind mit Pfeilen dargestellt. (b) Drehen. Die Rotation des Werkstücks ist mit einem Pfeil dargestellt. Die Vorschubsrichtung liegt senkrecht dazu.

Im Vergleich dazu ist beim Drehen (Abbildung 2.5b) das Werkzeug fest eingespannt, während sich das Werkstück dreht. Beide sind stets im Kontakt, so dass die auftretende Schnittkraft kontinuierlich wirkt und sich nicht wie beim Fräsen abrupt ändert. Dadurch ist mit ähnlichem Aufwand eine bessere Oberflächenqualität als beim Fräsen erzielbar. Um optische Elemente wie Linsen- oder Spiegelflächen herzustellen, sollten diese eine Rauheit aufweisen, die deutlich geringer als die verwendeten Wellenlängen ist. Für sichtbares Licht kommen quadratische Rauheiten unterhalb von etwa $R_q = 5 - 20$ nm in Frage. Dieses ist durch Präzisionsdrehen bei hoher Drehzahl und geringem Vorschub möglich, ohne dass das Werkstück nachbearbeitet werden muss. Allerdings müssen dafür die Werkstückgeometrien so ausgelegt werden, dass sie durch Drehen herstellbar sind. Im einfachsten Fall lassen sich beim Drehen rotationssymmetrische Werkstücke erzeugen. Es lassen sich allerdings auch andere Geometrien realisieren, indem das Werkstück um eine andere Achse als die Symmetrieachse gedreht wird. Es ist somit möglich komplexere Strukturen zu erzeugen, indem das Werkstück mehrmals umgespannt wird.

Heißprägen

Beim Heißprägen wird die negative Struktur eines Werkzeugs in ein thermoplastisches Polymersubstrat übertragen [Worgull 2009]. In Rahmen dieser Arbeit wurden optische Linsenelemente mittels Heißprägens abgeformt. Des Weiteren bietet sich das Verfahren an, die entwickelten fluidischen Kanalplatten für eine Kleinserie zu erzeugen.

Beim Heißprägen wird das Polymerhalbzeug in einer Vakuumkammer zwischen zwei Abformwerkzeuge platziert und unter leichtem Druck erhitzt (Abbildung 2.6). Die Werkzeuge enthalten das Negativ der zu replizierenden Struktur. Die Werkzeuge und das zwischen ihnen liegende Halbzeug werden auf die Umformtemperatur erwärmt und nach Temperaturausgleich zwischen beiden das Werkzeug über eine Wege- und Kraftregelung in das Halbzeug gedrückt. Typischerweise wird für amorphe Kunststoffe eine Umformtemperatur von 15 - 40 K oberhalb der materialspezifischen Glasübergangstemperatur T_g gewählt. Je höher die Umformtemperatur ist, desto fließfähiger ist das Polymer und desto besser füllt es die Kavitäten des Werkzeugs aus. Allerdings verlängert sich dadurch die Prozesszeit eines Prägevorgangs, die in der Regel bei 5 - 30 min liegt. Bei gleichbleibendem Anpressdruck wird die Temperatur zunächst konstant gehalten, um einen diffusionsgesteuerten Abbau der Materialspannungen zu erreichen, und anschließend gesenkt. Der kritischste Schritt ist die anschließende Entformung, bei der das Polymerbauteil zerstörungsfrei aus der Form entnommen werden muss. Um die auftretenden Scherspannungen zwischen Werkzeug und Werkstück bei der Entformung zu minimieren, werden in der Regel Formschrägen von 1° - 3° vorgesehen.

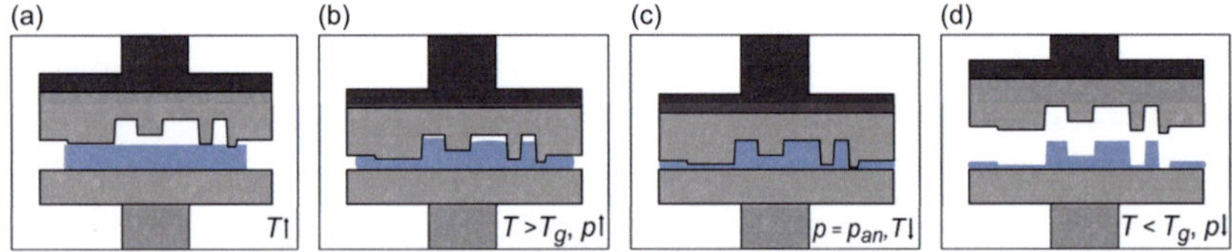

Abbildung 2.6: Schematischer Ablauf des Heißprägens. (a) Aufheizen. (b) Weggesteuertes isothermes Prägen bei einer Temperatur oberhalb der Glasübergangstemperatur T_g. (c) Kraftgesteuertes Prägen bei konstantem Anpressdruck p_{an}, kühlen. (d) Entformen bei einer Temperatur unterhalb von T_g.

Strukturen mit geprägten Durchgangslöchern zu erzeugen ist nur mit einigem Aufwand möglich: Die Umformtemperatur muss so hoch sein, dass das Polymer sehr fließfähig ist. Gleichzeitig darf das Polymer aber nicht zersetzt werden. Zusätzlich muss eine lange Haltezeit bei hoher Temperatur und hohem Druck vorgesehen werden. Je nach Struktur können dieser Vorgang und die dadurch verlängerte Abkühlung die Prozesszeit deutlich verlängern. Alternativ können die Durchgangslöcher nachträglich gebohrt oder durchstochen werden.

Gegenüber der direkter Mikrozerspanung der Polymerbauteile ermöglicht Heißprägen eine kostengünstigere Herstellung von Werkstücken mit hoher Oberflächenqualität, da die spanende Herstellung von planen Oberflächen geringer Rauheit eine lange

Bearbeitungszeit erfordert und durch den Abformprozess repliziert werden kann. Da Heißprägen eine gute Formtreue aufweist, werden die Oberflächenqualitäten des Werkzeugs in das Werkstück übertragen. Die kurzen Fließwege des Polymers führen zu geringen Materialspannungen und somit bei optisch transparenten Materialien zu geringer Doppelbrechung. Daher ist Heißprägen für die Herstellung optischer Elemente besonders vorteilhaft. Wegen der höheren thermischen Leitfähigkeit und Erweichungstemperatur von Metallen können bei deren Bearbeitung höhere Drehzahlen und ein schnellerer Vorschub als bei der direkten Bearbeitung von Polymeren eingesetzt werden.

Spritzgießen und Spritzprägen

Für die industrielle Fertigung des Systems bieten sich Spritzgießen und Spritzprägen als Fertigungsverfahren an. Auf Grund der hohen Werkzeugkosten und der umfangreichen Tests zur Ermittlung der bauteilspezifischen Fertigungsparameter, sind diese Verfahren allerdings nur für große Stückzahlen wirtschaftlich.

Anders als beim Heißprägen werden die Werkzeuge beim Spritzgießen nicht auf die Umformtemperatur des Polymersubstrats erhitzt, sondern das Polymer wird als Schmelze durch Öffnungen zwischen die geschlossenen, kälteren Werkzeuge mit hohem Druck eingepresst [Rosato 2001]. Die heiße Schmelze wandert durch die Öffnungen in die Werkzeugstrukturen und kühlt dabei ab. Wenn die Werkzeuge vollständig gefüllt sind und das Polymer auf die Entformungstemperatur abgekühlt ist, werden die Werkzeuge getrennt. Der gesamte Prozesszyklus liegt zwischen einigen Sekunden bis Minuten und ist damit deutlich kürzer als beim Heißprägen, da der nötige Anpressdruck geringer ist und der Prozess in einem engeren Temperaturbereich betrieben wird. Zudem muss das Polymer nicht im Werkzeug erhitzt werden, da es bereits als Schmelze eingefüllt wird. Je höher der Temperaturunterschied zwischen Werkzeug und Schmelze ist, desto schneller ist der Abkühlprozess. Allerdings verhindert ein zu schnelles Abkühlen den diffusionsgesteuerten Abbau von Materialspannungen oder eine komplette Formfüllung. Dies tritt insbesondere bei kleinen Strukturen auf, so dass in diesem Fall die Temperatur der Werkzeuge nur leicht unterhalb der Temperatur der Polymerschmelze liegt [Su 2004].

Spritzprägen ist eine Kombination aus Spritzgießen und Heißprägen, die für die Fertigung von optischen Datenträgern genutzt wird. Das Polymer wird wie beim Spritzgießen als Schmelze zwischen kältere Werkzeuge eingeführt. Allerdings werden die Werkzeuge wie beim Heißprägen erst anschließend zusammengepresst. Wegen der drucklosen Befüllung und der anschließend gleichmäßigen Verteilung des

Prägedrucks werden weniger Materialspannungen erzeugt und die Oberflächenqualität des Materials ist besser als beim Spritzgießen. Im Vergleich zum Heißprägen sind deutlich kürzere Zykluszeiten möglich. Außerdem ist der Prägedruck geringer, da das Polymer bereits als Schmelze eingeführt wird. Dadurch können bei gleicher Kraft größere Bauteile erzeugt werden.

Laserstrukturierung

Laserstrukturierung ist ein Verfahren, bei dem Material durch Laserablation abgetragen wird. Die gepulste Laserstrahlung wird wellenlängenabhängig vom Material absorbiert, und zersetzt oder verdampft ab einer bestimmten materialspezifischen Leistungsdichte und Pulsdauer das Material. Dieses Verfahren eignet sich zum Schneiden von Membranen, Folien und dünnen Polymerplatten. Im Rahmen dieser Arbeit wurden Silikonmembranen zu Dichtelementen strukturiert.

2.2.3 Verbindungstechnologien

Mit Hilfe der vorgestellten Replikationsverfahren Heißprägen, Spritzgießen und Spritzprägen lassen sich Oberflächen von Polymersubstraten strukturieren und so Profile von Fluidkanälen erzeugen. Die im Rahmen dieser Arbeit mittels Mikrozerspanung hergestellten Kanalplatten wurden ebenfalls einseitig strukturiert. Um die Kanäle zu verschließen, wurden sie mit Platten des gleichen Materials gedeckelt. Das Fügen der Deckelplatten mit den fluidischen Kanalplatten erfolgte mittels Lasertransmissionsschweißens. Mit dem gleichen Verfahren wurden Mikroventile auf die fluidischen Kanalplatten gefügt.

Ultraschallschweißen ist als Fügeverfahren wegen der kurzen nötigen Zykluszeit und hohen erzielbaren Festigkeit vorteilhaft. Im Rahmen dieser Arbeit wurde es als Alternative zum Lasertransmissionsschweißen für das Fügen der Mikroventilen auf der fluidischen Kanalplatte getestet. Kleben ist ein weit verbreitetes Verfahren in der Mikrosystemtechnik, weist allerdings entscheidende Nachteile bei der Verbindung mikrofluidischer Bauelemente auf. Daher wurde es im Rahmen dieser Arbeit nur in Verbindungsstellen eingesetzt, die nicht in Kontakt mit Fluidkanälen stehen.

Lasertransmissionsschweißen

Beim Lasertransmissionsschweißen wird Laserstrahlung an der Grenzfläche zwischen zwei zusammengepressten Werkstücken absorbiert. Durch die eingebrachte Energie steigt die Temperatur, so dass eine Schmelze und nach der Abkühlung einer materialschlüssige Verbindung entsteht (Abbildung 2.7). Der Laserstrahl wird durch einen steuerbaren Spiegel entlang eines rechnergestützt definierten Weges verfahren, wobei beliebige Formen definierbar sind. Die nötige Schweißzeit liegt für Flächen von 40×40 mm² abhängig von der Betriebsart bei 5 - 20 s.

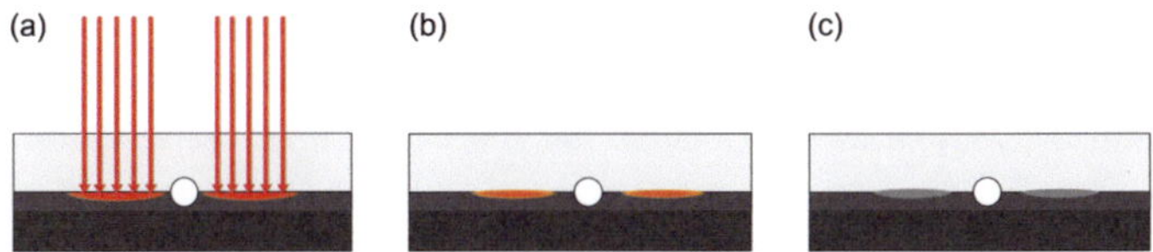

Abbildung 2.7: Schematischer Ablauf beim Lasertransmissionsschweißen. (a) Absorption der Laserstrahlung. (b) Polymerschmelze. (c) Materialschlüssige Schweißnaht.

Die lokale Absorption der Laserstrahlung an der Grenzschicht kann durch die Kombination eines transparenten und eines absorbierenden Werkstücks realisiert werden, wobei beide Materialien eine ähnliche Schmelztemperatur aufweisen müssen. Bei der Herstellung des Substrats aus COC kann das COC-Granulat mit 1 - 3 Vol.-% Kohlenstoffpartikeln gemischt werden, um die Laserstrahlung zu absorbieren.

Alternativ dazu kann eine absorbierende Schicht, beispielsweise aus Ruß, auf der Grenzfläche aufgetragen werden [Pfleging 2006]. Die Festigkeit dieser Verbindung ist wegen des Fremdstoffs allerdings geringer. Eine weitere Möglichkeit ist es, eine Optik zu nutzen, die die Laserstrahlung auf die Grenzfläche fokussiert. In diesem Fall müsste ein Laser mit einer Wellenlänge verwendet werden, die vom Material teilweise absorbiert wird ($\lambda < 300$ nm, $\lambda \approx 1200$ nm oder $\lambda > 1700$ nm für COC [Shin 2005]). Nachteilig ist, dass sich hierbei auch das umliegende Material aufheizt und schmelzen kann. Beide Verfahren haben den Vorteil, dass das Substrat aus transparentem Werkstoff ausgeführt ist und so die fluidischen Strukturen beobachtet werden können.

Lasertransmissionsschweißen hat den Vorteil, dass schmale Schweißnähte möglich sind, so dass auch nah aneinander liegende Kanäle dicht verschlossen werden können. Des Weiteren ist die Form der Schweißnaht frei einstellbar und daher für die Herstellung von Prototypen in der Entwicklungsphase geeignet. Nachteilig ist die Einschränkung der Materialwahl, da ein transparenter und ein absorbierender Fügepartner mit ähnlichen Schmelztemperaturen gewählt werden müssen.

Ultraschallschweißen

Beim Ultraschallschweißen wird durch Druck und mechanische Schwingung einer Frequenz von etwa 20 - 40 kHz das Material an der Grenzfläche zwischen zwei Werkstücken aufgeschmolzen und so materialschlüssig verbunden. Die zwei zu verbindenden Werkstücke werden zwischen zwei Halterungen in der Ultraschall-schweißanlage platziert und miteinander in Kontakt gebracht (Abbildung 2.8). Eines der beiden Werkstücke ist fest eingespannt, das andere ist an der sogenannten Sonotrode befestigt, die über einen piezoelektrischen Signalwandler mit einem Ultraschallgenerator verbunden ist. Die Kontaktfläche zwischen den Werkstücken wird durch sogenannte Energierichtungsgeber definiert und ist deutlich kleiner als der Querschnitt der Werkstücke. Die durch die mechanische Schwingung eingebrachte Energie wird folglich dort besonders stark absorbiert. Die Energierichtungsgeber erwärmen sich und erweichen, wodurch sich die inneren Reibungskräfte im Material verstärken und die Ultraschallwellen dort noch stärker absorbiert werden. Das Material schmilzt auf und es entsteht eine Schweißnaht.

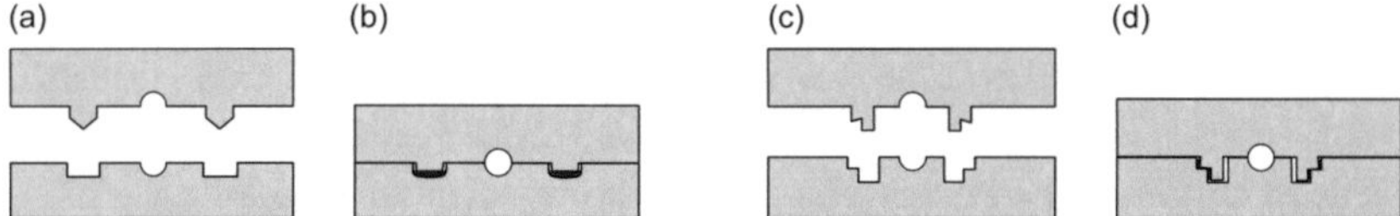

Abbildung 2.8: Schematischer Prozessablauf des Ultraschallschweißens. (a) Ausrichtung der Energierichtungsgeber, als sogenannte Nut- und Federnaht. (b) Schweißnaht. (c) Ausrichtung der Energierichtungsgeber, als sogenannte Quetschnaht ausgelegt. (d) Schweißnaht.

Vorteilhaft beim Ultraschallschweißen sind die kurze Schweißzeit von 1 - 5 s und die hohe Festigkeit. Nachteilig sind die mindestens benötigte Breite der Schweißnaht von 0,7 mm und die aufwendige Bestimmung geeigneter von der Schweißnahtgeometrie und Materialzusammensetzung abhängiger Prozessparameter. Es müssen in der Regel pro eingesetzter Geometrie und Material 20 bis 50 Vorversuche durchgeführt werden.

Kleben

Kleben wird in der Forschung auf dem Gebiet der Mikrosystemtechnik häufig eingesetzt, da es im Labormaßstab ein einfach einzusetzendes Verfahren ist und eine Verbindung zwischen verschiedenen Materialien erlaubt. In der industriellen Fertigung werden Verbindungen, die mit Fluidkanälen in Kontakt kommen können, selten geklebt. Die Gründe dafür sind: (1) Die chemische und thermische Resistenz der Fluidstruktur kann sich reduzieren. (2) Die Fluidkanäle können mit Klebstoff kontaminiert werden. (3) Eine genaue Dosierung ist aufwendig, da in Mikrosystemen der Klebstoff durch Kapillarkräfte in Fluidkanälen oder durch Rauheit vorhandene Öffnungen gezogen wird. (4) Im Klebstoff können sich Bläschen bilden. Daher wurde Kleben im Rahmen dieser Arbeit weitestgehend vermieden und nur an Verbindungen eingesetzt, die nicht im Kontakt mit Fluidkanälen stehen.

2.3 Stand der Technik

Die wachsende Anzahl an verfügbaren optofluidischen Sensoren in der Forschung erweitert die Vielfalt an realisierbaren Systemen und Anwendungen. Die umgesetzten Konzepte sind hauptsächlich für biomedizinische Anwendungen mit hohen Stückzahlen ausgelegt, da dafür ein besonders großer Markt prognostiziert wird [BMBF 2010]. Es handelt sich dabei in den meisten Fällen um Analysegeräte basierend auf einwegtauglichen Lab-on-Chips, die mit dem Analyt befüllt werden, sowie einer mehrwegtauglichen Versorgungs-, Steuerungs- und Auswerteeinheit. Die eingesetzten Messmethoden basieren auf Fluoreszenz (*Agilent 2100 Bioanalyzer, Affymetrix GeneChip, Gyros Bioaffy CDs, Biosite Triage*), Absorption (*Nanostream Brio*), Kolorimetrie (*Eppendorf Array Technologies DualChip GMO*), Oberflächen-plasmonenresonanz (*General Electrics Healthcare Biacore, Sensata Spreeta*) und Interferometrie (*Fairfield AnaLight*).

Um kompakte optofluidische Analysesysteme für Anwendungen in der Umwelt- und Prozessanalytik ebenfalls erfolgreich umzusetzen, müssen wirtschaftlich günstige Konzepte entwickelt werden. Modulare Systementwicklung bietet eine Möglichkeit verschiedene Systeme basierend auf der gleichen Plattform und mit gleichen Schnittstellen zu entwickeln. Hiermit können zum einen die Entwicklungs- und Fertigungskosten gesenkt und zum anderen eine größere Auswahl an Systemkonfigurationen angeboten werden.

Verschiedene Konzepte für Integrationsplattformen für Anwendungen in der Mikrofluidik, Optik und Optofluidik wurden bereits in der Forschung vorgestellt. Einige Konzepte wurden industriell umgesetzt, allerdings sind keine modularen Plattformen bekannt, in denen optische und mikrofluidische Komponenten gemeinsam integriert und angesteuert werden können.

Der wirtschaftliche Umsatz mikrofluidischer und optofluidischer Systeme hat sich deutlich langsamer entwickelt, als es prognostiziert wurde. So wurden statt des im Jahr 2001 vorhergesagten Markts von über 3 Milliarden USD für das Jahr 2004 nur 300 Milliarden USD errichtet [Frost 2004]. Das Marktvolumen von 3 Milliarden USD erwarten neuere Studien erst für das Jahr 2014 [Yole 2011]. Drei entscheidende technische Gründe mögen verantwortlich sein [Whitesides 2006], [Becker 2009]: (1) Bisher fehlen geeignete Schnittstellen zur reversiblen Verbindung von Bauelementen und Funktionsmodulen, (2) die Fertigungstechnologien sind bisher noch nicht hinreichend ausgereift, und (3) die bisher eingesetzten Materialien waren für die vorgesehenen Anwendungen nur bedingt geeignet.

2.3.1 Mikrofluidische Integrationsplattformen

Es wurden bereits verschiedene Integrationsplattformen für Anwendungen in der Mikrofluidik entwickelt. Die meisten Systeme sind für biomedizinische Analysen optimiert [West 2008] und weisen daher die folgenden vorteilhaften Eigenschaften auf: (1) Viele Analysen oder Prozesse können parallel durchgeführt werden. Dieses ist wichtig, da für signifikante Aussagen bei biologischen Proben Wiederholungsmessungen durchgeführt werden müssen und häufig verschiedene Parameter benötigt werden, um einen eindeutigen Befund zu erhalten. (2) Kleine Analytvolumina sind ausreichend, da die Systeme kompakt und mit wenig Totraum aufgebaut sind. (3) Die Auswerteeinheit ist mediengetrennt, so dass keine Kontamination über den Analyten übertragen wird. Die Medientrennung ist wichtig, da eine sterile Reinigung der Fluidik sehr aufwendig ist. Stattdessen wird der Analyt in ein einwegtaugliches Element gefüllt, das kostengünstig herstellbar ist und nach dem Analysevorgang ausgetauscht wird. (4) Die Systeme sind für eine schnelle und genaue sequentielle Dosierung optimiert, da in vielen Fällen eine Probenentnahme des Analyts nötig ist. So können mit hohem Durchsatz verschiedene biomedizinische Proben miteinander verglichen werden oder individuelle Proben eines Patienten mit verschiedenen Methoden parallel getestet werden [Ahmadian 2011], [Kovarik 2012]. Implantierte Mikrosysteme zur kontinuierlichen Analyse sind wegen Problemen hinsichtlich Biokompatibilität, Energieversorgung, Verstopfung und Lebensdauer der Systeme bisher noch nicht auf dem Markt erhältlich.

Digitale Mikrofluidik

Digitale Mikrofluidik ist ein Konzept, bei dem diskrete Fluidvolumina, also einzelne Tropfen, gezielt auf diskrete Positionen auf einem Chip bewegt werden können. Die Tropfen können durch Elektrobenetzung, Dielektrophorese, Thermokapillarität oder akustische Oberflächenwellen bewegt und manipuliert werden [Fair 2007]. Innerhalb jedes Tropfens lassen sich biologische oder chemische Prozesse durchführen [Ottesen 2006], [Chakrabarty 2010].

Diese Systeme haben den Vorteil, dass sie mit mikroelektronischen Schaltungen kompatibel und integrierbar sind, geringe Analytmengen benötigen und mehrere Tropfen parallel individuell prozessiert werden können. Des Weiteren lassen sich damit fluidische Logikschaltungen realisieren, bei denen die Tropfen durch ein zweites unmischbares Fluid gesteuert werden [Prakash 2007], [Mosadegh 2011].

Die mit der im Rahmen dieser Arbeit entwickelten Backplane beabsichtigte kontinuierliche Analyse eines Fluidstroms und der Einsatz der dafür nötigen hohen Drücke sind mit dem Konzept der Digitalen Mikrofluidik nicht möglich. Zudem bietet die technologisch aufwendige Bildung und Manipulation von Tropfen in der kontinuierlichen Fluidanalyse in der Regel wenig Vorteile.

Indirekte Mikrofluidik

Eine hohe Integrationsdichte an möglichen Schaltwegen wurde mit dem Konzept der indirekten Mikrofluidik realisiert [Unger 2002], [Rapp 2009], das auf der Trennung von aktiven und passiven Komponenten basiert: Hierfür werden in einer passiven, einwegtauglichen Plattform entweder zwei sich kreuzende Matrizen aus Fluidkanälen integriert oder zwei nicht-mischbare Fluide eingesetzt. Durch die Steuerung des einen Fluids kann das zweite Fluid gezielt manipuliert werden. Die aktiven, mehrwegtauglichen Komponenten, wie Pumpen und Ventile, sind über Schläuche mit der Plattform verbunden.

Dieses Konzept bietet die Vorteile hoher Integrationsdichte, einer Medientrennung der aktiven Bauelemente vom Analyt, einer Einwegtauglichkeit der passiven Elemente und die Möglichkeit verschiedene Fluidströme parallel zu betreiben.

Das Konzept der indirekten Mikrofluidik könnte nach Anpassung in die im Rahmen dieser Arbeit entwickelte Backplane integriert werden und die Funktion der FGL-Mikroventile ersetzen. Dies würde einen noch kompakteren Aufbau der Ebene der mikrofluidischen Backplane erlauben, aber eine hohe Anzahl an externen Steuergeräten erfordern. Zudem ist das Konzept nur mit Einschränkung für einen modularen Aufbau geeignet, da viele fluidische Schnittstellen parallel gekoppelt werden müssten.

Modulare Kanalsysteme

Bisher vorgestellte modulare Konzepte in der Mikrofluidik basieren auf passiven Modulen mit integrierten Fluidkanälen [Datta 2007], [Yuen 2009], [Perozziello 2010], [Langelier 2011]. Eine aktive Schaltung der Fluide ist hierbei nicht oder nur mit externen Ventilen möglich.

Es gibt bereits industrielle Umsetzungen modularer mikrofluidischer Plattformen. Die Firmen *thinXXS Microtechnology* und *Mirofluidic Chipshop* bieten ähnliche modulare Plattformen an, die als Modellsysteme für die Entwicklung miniaturisierter Lab-on-Chip Anwendungen dienen. Mikrofluidische Module mit dem Standardmaß für lichtmikroskopische Objektträger von $75{,}5 \times 25{,}5$ mm² werden über Verbindungselemente miteinander und extern verbunden, wodurch eine variable Verschaltung möglich ist. Allerdings sind diese Systeme nicht für kompakte Sensoranwendungen geeignet, da sie keine Schnittstellen für Sensoren anbieten.

Im Rahmen des Programms *Mikrosystemtechnik 2000+* [VDMA 2003] wurden vom *Verein Deutscher Maschinen- und Anlagenbauer* standardisierte Schnittstellen definiert, die den Aufbau eines modularen Systems erlauben. Das Konzept sieht vor, dass Module mit variabler Größe übereinander gestapelt werden. Ausschließlich die Schnittstellen an der Ober- und Unterseite sind standardisiert und erlauben somit die Kombination verschiedener Module in einem System. Die fluidische Kontaktierung wird über eine Durchgangsleitung realisiert, die alle Module miteinander verbindet. Dieses Konzept erlaubt einerseits einen einfachen Aufbau der Module, ermöglicht allerdings andererseits keine komplexe fluidische Verschaltung, da nur eine Durchgangsleitung durch alle Module vorgesehen ist.

2.3.2 Optische Integrationsplattformen

Es gibt bereits zahlreiche Forschungsergebnisse und Produkte aus dem Bereich optischer Netzwerke. Diese Systeme sind ausgelegt für Anwendungen in der optischen Kommunikationstechnik und bieten die dafür benötigten Vorteile: (1) Sie sind für die für Glasfasern geeigneten Wellenlängen 1550 nm und 1310 nm optimiert, (2) bieten bis zu über 100 schaltbare Kanäle, und (3) weisen kurze Schaltzeiten von < 30 ms auf [Yamamoto 2003], [Ruzzo 2003]. Allerdings sind diese Systeme nur für sehr kleine Monomodefasern oder -wellenleiter ausgelegt und sehen keine modulare Verschaltung vor.

Optischen Plattformen können aus passiven und aktiven Netzwerken aufgebaut sein. Im ersten Fall werden nur Lichtwellenleiter oder optische Fasern genutzt, im zweiten Fall werden zusätzlich optische Schalter eingesetzt, mit denen die ausgewählten Bauelemente die mit Licht versorgt werden können.

MEMS-Spiegel Schaltnetz

Bewegliche MEMS-Spiegel wurden als Schaltelemente in optische Plattformen vieler Produkte integriert, da sie erlauben Licht zwischen verschiedenen optischen Kanälen abhängig von der Ausrichtung der Spiegel zu schalten [Lin 1998], [Yamamoto 2003].

Häufig werden digitale MEMS-Spiegel verwendet, die aus einer Matrix aus dicht angeordneten Mikrospiegeln bestehen. Der Vorteil dieser Spiegel ist, dass sie bei hohen Stückzahlen sehr kostengünstig hergestellt werden können. Außerdem können sie digital angesteuert werden und wegen der kleinen Größe der Einzelspiegel um den relativ großen Kippwinkel von 10° ausgelenkt werden. Um flexibel zwischen verschiedenen Schaltstellungen schalten zu können, sind allerdings Spiegel vorteilhaft, die mehrere Positionen einnehmen können. Alternativ zu einer Matrix wurden hierfür Einzelspiegel mit einer größeren Spiegelfläche von etwa 1 - 2 mm entwickelt. Nachteilig ist dabei allerdings, dass der mögliche Auslenkwinkel umso kleiner ist, je größer die Spiegelfläche ist. Dieses wird in den meisten Ausführungen ausgeglichen, indem der Spiegel keine stabile Position einnimmt, sondern über einen bestimmten Winkelbereich in Resonanz rastert, wodurch sich der maximale Auslenkwinkel erhöht (*Egismos Technology*, *HiperScan*, *MicroVision*, *Opus Microsystems*). In Anwendung als optischer Schalter werden die gewünschten Positionen in diesem Fall also nur zeitweise und periodisch eingenommen. Das Signal oder der Detektor müssen also auf die Resonanzfrequenz des Spiegels abgestimmt werden, wodurch sich ein hoher elektronischer Aufwand ergibt.

Es gibt allerdings erste Entwicklungen für eine statische Auslenkung von MEMS-Spiegeln (*Lemoptix*, *Preciseley Microtechnology*, *Sercalo Microtechnology*). Hierbei mögliche Auslenkwinkel von ± 3 - 5° sind geringer als in Resonanz betriebenen Spiegeln, die bis ± 30° erreichen. Sie ermöglichen aber eine stabile Versorgung der optischen Bauelemente mit Licht. Aufgrund der Vorteile, wie die schnelle und genaue Positionierung, wurden derartige statisch auslenkbare MEMS-Spiegel in die im Rahmen dieser Arbeit entwickelte Backplane als optische Schalter integriert.

Modulare Sensorplattform

Ein Konzept für modulare Systementwicklung für Anwendungen in der Sensorik und Datenübertragung wurde vorgestellt und dessen Funktionalität in verschiedenen Umsetzungen demonstriert [Schüle 2010]. Dieses System basiert auf der Kombination aus (1) mikrooptischen Bänken, die mit Lithographie, Galvanik und Abformung (LIGA-Verfahren) [Mohr 2003], [Saile 2009] hergestellt werden, und der Ausrichtung optischer Elemente dienen, sowie (2) Mikroaktoren zur Einstellung der optischen Weglängen, wodurch die Signale geregelt werden können.

Dieses System ist flexibel einsetzbar, da verschiedene Sensoren, Mikroaktoren und daran angepasste mikrooptische Bänke zusammengeschaltet werden können. Das LIGA-Verfahren stellt optisch glatte Wände und eine hohe Reproduzierbarkeit sicher, allerdings lassen sich die hohen Werkzeugkosten nur bei großen Stückzahlen erwirtschaften. Dies kann durch den modularen Aufbau erreicht werden, mit dem die gleiche mikrooptische Bank als Basis für verschiedene Systeme dienen kann.

Dieses System bietet allerdings keine Kombination mit einer mikrofluidischen Plattform an und ist damit nicht für die im Rahmen dieser Arbeit behandelten optofluidischen Systeme einsetzbar.

2.3.3 Optofluidische Integrationsplattformen

Ein Konzept für eine optofluidische Integrationsplattform wurde 2006 publiziert [Psaltis 2006]. Die Plattform aus Fluidkanälen, Mikroventilen, Lichtwellenleitern und optischen Schaltern ist in einem Lab-on-Chip integriert und bildet die Basis für verschiedene ebenfalls in den Chip integrierte Sensoren. Dieses Konzept erlaubt die Fertigung verschiedener Chips auf dem gleichen Modell, wodurch sich Entwicklungskosten senken lassen. Allerdings sind die bisher realisierten Lab-on-Chips weiterhin individuell an die jeweilige Anwendung angepasst [Chin 2011], [Fan 2011], [Ligler 2009] und somit nur bei hohen Stückzahlen kostengünstig herstellbar. Eine andere vorgestellte Integrationsplattform [Perozziello 2006] bietet eine feste Anzahl an Steckplätzen für Funktionsmodule, ist aber selber nicht modular erweiterbar und sieht nur fest eingeprägte optische und fluidische Schaltwege vor. Modulare Plattformen für kontinuierlich messende optofluidische Analysesysteme sind bisher nicht bekannt.

2.3.4 Modulare Schnittstellen

Ein Grund für die geringe industrielle Umsetzung mikrofluidischer und optofluidischer Integrationsplattformen ist darin zu sehen, dass bisher keine geeigneten Schnittstellen mit kompakten, reversibel lösbaren Modulkopplungen entwickelt wurden [Van Heeren 2012]. In der im Rahmen dieser Arbeit entwickelten Backplane wurden symmetrische Schnittstellen integriert, um diese anders als in Alternativkonzepten [Gonzales 1998], [Perozziello 2008] ohne Vorzugsrichtung variabel koppeln zu können.

Fluidische Kopplungen

Reversibel lösbare fluidische Kopplungen zwischen direkt miteinander verbundenen Bauelementen werden in der Regel durch elastische Dichtelemente realisiert, die bei der Zusammenschaltung verpresst werden und bei Bedarf wieder geöffnet werden können. Die Voraussetzung dafür sind reversibel lösbare mechanische Kopplungen, die in Mikrosystemen bisher selten eingesetzt werden, da deren Zuverlässigkeit durch die kleine Bauform schwerlich sichergestellt werden konnte [Van Heeren 2012].

So sind Schraubverbindungen zwar prinzipiell zuverlässig und können hohe Halte-kräfte aufbringen, benötigen zum Kraftübertrag aber relativ tiefe Gewindebohrungen, insbesondere wenn sie wie in der vorliegenden Arbeit in vergleichsweise weiche Polymermaterialien integriert werden. Dadurch verlängert sich die benötigte Zeit zum Lösen der Schrauben. Schraubverbindungen werden folglich nur für Verbindungen eingesetzt, die selten gelöst werden müssen. Des Weiteren müssen die Köpfe der Schrauben zugänglich sein, um gelöst werden zu können, wodurch deren mögliche Position und Ausrichtung eingeschränkt ist [Nittis 2001], [Krulevitch 2002]. Bei der parallelen Verbindung mehrerer Kopplungen treten zudem mechanische Spannungen auf, da das System mechanisch überbestimmt ist [Gross 2003].

Alternativ werden Schnappverbindungen eingesetzt, bei denen ein elastisches Element verformt und in einer lokal stabilen Position verhakt wird. Um die nötige Anpresskraft zwischen zwei Modulen zu erreichen, muss allerdings ein kräftiges Federelement vorhanden sein, wodurch der Aufbau größer und komplexer wird. Insbesondere muss sichergestellt werden, dass sich das Teil trotz der kleinen Bauform bei wiederholtem Verbinden und Lösen nicht abnutzt, ermüdet oder sogar bricht. Mittels Klemm-verbindungen können Bauteile prinzipiell ebenfalls miteinander verbunden werden. Allerdings müssen die Klemmen durch eine weitere Verbindungsform, wie eine Schraub- oder Schnappverbindung, oder durch ein Federelement befestigt werden.

Ein publiziertes Konzept zur fluidischen Kopplung sieht vor, dass eine metallische Kanüle in eine als Presspassung ausgelegte Öffnung einer elastischen Membran gesteckt wird [Christensen 2005]. In einer ähnlichen Ausführung wird eine angespitzte Kanüle durch eine unstrukturierte Membran gestochen [Lo 2011]. In beiden Fällen umschließt die elastische Membran die Kanüle fluiddicht, wobei sich die Membran im zweiten Fall durch Eigenspannung wieder fluiddicht verschließt, wenn die Kanüle entfernt wird. Dieses Konzept erlaubt eine kompakte Bauweise und stellt einen automatischen Verschluss der Fluidkanäle sicher, wenn die Verbindung geöffnet wird. Es ist technisch aufwendiger als die Verpressung von Dichtelementen und müsste auf langfristige Zuverlässigkeit untersucht werden, da sich die Membran abnutzten kann. Da in den Backplanemodulen ein symmetrisch bidirektionaler Aufbau gefordert ist, müsste hierfür in jede Schnittstelle eine Kanüle integriert werden. Das Verschlussprinzip bietet wegen der genannten Vorteile aber eine Alternative zu den im Rahmen dieser Arbeit eingesetzten Dichtelementen, die um die Fluidkanäle angeordnet sind.

Optische Kopplungen

Konfektionierte Kopplungen zwischen optischen Fasern sind weit verbreitet in der Nachrichtentechnik und erfüllen die wichtigste Anforderung geringer Kopplungsverluste [Ziemann 2007]. Die hierbei eingesetzten Steckverbinder bestehen in der Regel aus zwei unterschiedlichen aber kompatiblen Faserhülsen, die die Fasern mechanisch zueinander ausrichten. Hochwertige Kopplungen bestehen aus einer mit sehr geringen Toleranzen gefertigten Metallführung, die mittels einer mechanischen Verriegelung oder Schnappverbindung fixiert sind.

Die auf dem freien Markt erhältlichen Kopplungen sind für die Integration in die entwickelte Backplane ungeeignet, da sie (1) zu groß sind, (2) nicht symmetrisch bidirektional kompatibel sind, und (3) nur eine axiale Führung vorsehen, so dass die Fasern nach einer Dejustierung sich nicht wieder selbst zueinander zentrieren. Die in der vorliegenden Arbeit entwickelte Faserkopplung basiert zwar ebenfalls auf mechanischer Führung der Fasern durch präzise hergestellte Strukturen, wurde aber hinsichtlich der genannten Anforderungen angepasst. Die im Rahmen dieser Arbeit entwickelten Kopplungen können mit spanend gefertigten Spritzgusswerkzeugen abgeformt werden. Alternative Konzepte verwenden beispielsweise mittels LIGA hergestellte Formwerkzeuge für die Replikation in Polymeren [Wallrabe 2002].

2.3.5 Fertigungstechnologien

Während optische Bauelemente, wie Schalter oder Detektoren, erfolgreich mit Technologien in Silizium prozessiert werden, die aus der Mikroelektronik angepasst übernommen wurden, haben sich diese Technologien für mikrofluidische und optofluidische Systeme nicht durchgesetzt. Die ersten mikrofluidischen Bauelemente wurden zunächst ebenfalls in Silizium hergestellt [Manz 1990b], [Gravesen 1993]. Da die Material- und Fertigungskosten allerdings zu hoch sind, um wirtschaftlich wettbewerbsfähig zu sein, werden vermehrt Polymere eingesetzt [Boone 2002], [Fiorini 2005], [Chin 2012].

PDMS ist in der Forschung auf dem Gebiet der Mikrofluidik und Optofluidik wegen der geringen Materialkosten sowie der Möglichkeit zur einfachen und schnellen manuellen Prozessierung, die als Soft-Lithography bezeichnet wird [McDonald 2000], [McDonald 2002], das am meisten eingesetzte Substratmaterial. Aufgrund der hohen Elastizität von PDMS, sind die mechanischen Anforderungen an das Formwerkzeug geringer als bei der Replikation von Thermoplasten, so dass kleine, fragile Strukturen in PDMS übertragen werden können, die in Thermoplasten die Zerstörung des

Werkzeugs zur Folge hätten. Die dafür benötigten Kräfte sind im Vergleich zur Abformung von Thermoplasten gering, so dass keine teuren Maschinen nötig sind. Außerdem können elastisch bewegliche Elemente realisiert werden [Thorsen 2002], beispielsweise für die Herstellung abstimmbarer Lichtquellen [Song 2010] sowie pneumatischer Mikroventile oder Mikropumpen [Unger 2000]. Darüber hinaus lassen sich anders als bei thermoplastischen Materialien mit geeigneten Formwerkzeugen Hinterschnitte realisieren.

In der industriellen Anwendung ist PDMS als Substratmaterial für mikrofluidische Systeme aufgrund folgender Nachteile allerdings wenig verbreitet [Whitesides 2006], [Becker 2008], [Berthier 2012]: (1) Wegen der geringen mechanischen Stabilität ist die Integration von Bauelementen aus PDMS und der Einbau in ein Gehäuse schwierig. Die Abdichtung kann nicht wie sonst durch Anpressen eines Dichtelements realisiert werden, da PDMS der nötigen Anpresskraft nicht standhält. Die fluidischen Anschlüsse werden daher häufig durch Kleben realisiert, einem ebenfalls für die Industrie ungeeigneten Prozess. (2) Durch die hohe Elastizität verformen sich die Fluidkanäle bei hohem Fluiddruck, so dass sich unter anderem das Durchflussverhalten ändert. (3) PDMS quillt beim Kontakt mit organischen Lösungsmitteln wie 2-Propanon (Aceton). (4) PDMS ist für einige in Flüssigkeiten gelöste Bestandteile permeabel. (5) Die automatisierte Handhabung und Strukturierung des Materials ist technologisch noch nicht umgesetzt.

Da die in der Forschung zurzeit entwickelten mikrofluidischen und optofluidischen Systeme häufig aus PDMS hergestellt werden, ist der Technologietransfer in die Industrie aufwendig und bisher gering. Die im Rahmen dieser Arbeit entwickelte Backplane wurde daher aus Polymeren hergestellt, für die bereits industrietaugliche Fertigungstechnologien vorhanden sind.

3. Mikrofluidische Backplane

Die im Rahmen dieser Arbeit entwickelte Backplane soll als modulare Plattform eingesetzt werden, die einen möglichst variablen Aufbau verschiedener Analysesysteme erlaubt. Das konstruierte System setzt sich dementsprechend aus einer variablen Anzahl von Backplanemodulen zusammen, die jeweils einen Steckplatz für ein optofluidisches Funktionsmodul bereitstellen. Die mikrofluidische Backplane bildet ein Netzwerk aus Fluidkanälen und Mikroventilen, die die gezielte Leitung des zu analysierenden Fluids zu den Funktionsmodulen ermöglicht. In die Schnittstellen zu den benachbarten Backplanemodulen und zum Funktionsmodul sind fluidische und magnetische Kopplungen integriert, die eine fluiddichte, mechanisch stabile und reversibel rekonfigurierbare Zusammenschaltung erlaubt. Im hier abgezielten Anwendungsfall wird ein Nebenstrom aus dem Hauptstrom des zu analysierenden Fluids abgezweigt und durch die mikrofluidischen Backplane geleitet.

Die wichtigste Anforderung an die im Rahmen dieser Arbeit entwickelten Backplanemodule war, dass sie beliebig kombiniert und ausgetauscht werden können. Die Module weisen daher eine standardisierte, symmetrische Einheitsgeometrie (mit einer Grundfläche von $40 \times 40 \text{ mm}^2$) und symmetrische bidirektionale Schnittstellen auf.

3.1 Konstruktion

Die Kanalstruktur innerhalb des Backplanemoduls wurden so ausgelegt, dass das von einem der Nachbarmodule kommende Fluid gezielt entweder durch das montierte Funktionsmodul oder unmittelbar zu einem der Nachbarmodule geleitet werden kann [Brammer 2011a]. Die Fluidkanäle verbinden alle Fluidanschlüsse des Backplanemoduls miteinander, damit das Fluid aus jedem Anschluss zugeleitet und je nach Schaltung der Ventile an jedem anderen Anschluss ausgeleitet werden kann. Hierbei kann das Fluid in beide Richtungen entlang des geschalteten Weges durch das Backplanemodul geleitet werden. Darüber hinaus können mehrere Fluidanschlüsse gleichzeitig geöffnet werden, um Fluidströme aufzuteilen oder zu vermischen.

Die im Rahmen dieser Arbeit entwickelten mikrofluidischen Schaltungen wurden als Kanalplatten konstruiert, in deren Oberfläche Fluidkanäle strukturiert sind, die anschließend gedeckt wurden [Parvanta 2010]. Auf der Oberseite der Kanalplatten sind Mikroventile [Megnin 2012a] mit quadratischer Grundfläche von $10 \times 10 \text{ mm}^2$ oder zylindrischer Grundfläche mit 8 mm Durchmesser montiert, die durch

Fluidanschlüsse mit den Kanälen verbunden sind. Die Ventile sind in einem Abstand von 1 - 2 mm zueinander platziert, um sie leichter montieren und demontieren zu können. Auf der Kanalplatte befinden sich zwei vertikale fluidische Anschlusskanäle in Abständen von je 10 mm zum Rand, die durch die anderen Ebenen des Backplanemoduls zum Funktionsmodul führen.

Zwei verschiedene Schaltkonzepte wurden als Prototypen der mikrofluidischen Backplane umgesetzt [Brammer 2011b]. Für die Integration der Mikroventile in die fluidische Schaltung wurden zwei verschiedene Konzepte entwickelt und eingesetzt. Die Abmessungen der Fluidkanäle wurden auf Basis von Simulationsergebnissen mittels *COMSOL* ausgelegt. Für die Ansteuerung der Mikroventile wurde eine elektronische Platine aufgebaut. Zur Zusammenschaltung der Backplanemodule wurden reversibel lösbare Kopplungen konstruiert.

3.1.1 Fluidische Schaltkonzepte

Abbildung 3.1 stellt vier Grundkonzepte zur Zusammenschaltung der mikrofluidischen Backplanemodule dar und vergleicht sie bezüglich möglicher fluidischer Schaltwege innerhalb des Gesamtsystems.

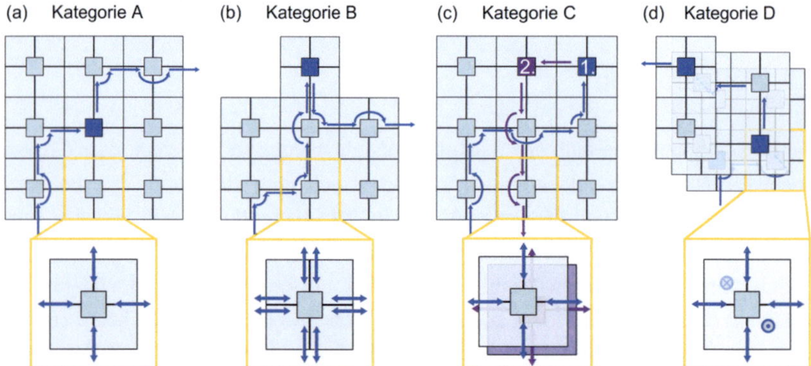

Abbildung 3.1: Schemata der Grundkonzepte zur Zusammenschaltung der mikrofluidischen Backplanemodule. Große Quadrate stellen Backplanemodule, kleine Quadrate in deren Mitte dazu assoziierte Funktionsmodule dar. Fluidische Wege sind mit Pfeilen markiert, durchflossene Funktionsmodule in blau eingefärbt. Der Aufbau der Schnittstellen und Ebenen der Backplanemodule sind in den gelb markierten Nebenbildern vergrößert dargestellt. (a) Zweidimensionale Backplane mit einem fluidischen Anschluss pro Schnittstelle. (b) Zweidimensionale Backplane mit zwei Anschlüssen pro Schnittstelle. (c) Zweidimensionale Backplane in zwei Ebenen mit je zwei Anschlüssen. (d) Dreidimensionale Backplane mit je einem Anschluss.

- Die Grundkonzepte können grundsätzlich in zwei verschiedene Kategorien unterteilt werden: (1) Eine zweidimensionale Backplane, wie in den Grundkonzepten A, B und C, die eine Zusammenschaltung der Module in einer Ebene vorsieht, in der die Schnittstellen also planar angeordnet sind, oder (2) eine dreidimensionale Backplane, wie in Grundkonzept D, die mittels zusätzlicher Fluidkanäle und Schnittstellen auch eine Erweiterung in den Raum ermöglicht.

- Zudem kann unterschieden werden, ob ein oder wie in Grundkonzept B und C zwei Fluidanschlüsse pro Schnittstelle vorhanden sind. Bei zwei Fluidanschlüssen kann das Fluid, das in ein Modul fließt, auch über dieselbe Schnittstelle wieder zurück fließen. Dieses ermöglicht unter anderem den Anschluss von Bauteilen mit nur einem Nachbarmodul am Rand einer Modulmatrix. Das Fluid kann in diesem Fall durch den einen Anschluss in das Modul am Rand der Matrix geleitet werden, dort durch das Funktionsmodul und anschließend durch den zweiten Anschluss derselben Schnittstelle zurück fließen.

- Die Konzepte können auch je nach fluidischer Schaltung innerhalb der Module unterschieden werden, die entweder aus einer oder wie in Grundkonzept C aus mehreren Ebenen bestehen. Wenn nur eine Ebene vorgesehen ist, können nur gewisse Wege realisiert werden, während bei zwei Ebenen auch zwei Fluidströme gekreuzt werden können, ohne miteinander zu interagieren. Somit können zwei Fluide gleichzeitig oder ein Fluid in einer bestimmten Reihenfolge durch das System geleitet werden.

Auf Basis dieser Grundkonzepte wurden verschiedene Schaltungen entwickelt. Tabelle 3.1 vergleicht eine Auswahl an Konzepten auf deren Funktionalität zur Schaltung von Fluiden, sowie deren Konstruktions- und Fertigungsaufwand.

- Die einfachste Anordnung von Modulen mit quadratischer Grundfläche ist die Zusammenschaltung in einer Ebene zu einer zweidimensionalen Matrix. Hierbei lässt jedes Backplanemodul die Leitung des Fluids von jedem der vier Nachbarmodule in ein beliebig anderes zu. Zudem werden ein Eingang und ein Ausgang zu einem Funktionsmodul bereitgestellt, das auf dem Backplanemodul montiert ist. Das bedeutet, dass das Konzept mindestens sechs Fluidanschlüsse pro Backplanemodul vorsehen muss, um ein Funktionsmodul mit dem Gesamtsystem zu verbinden. Schaltkonzept A1 benötigt die wenigsten Ventile, um vier Nachbarmodule und ein Funktionsmodul wahlweise miteinander verschalten zu können und ist daher vergleichsweise einfach herzustellen. Für viele Anwendungen bietet diese Schaltung eine ausreichende Auswahl an Schaltmöglichkeiten, und wurde daher als Prototyp umgesetzt.

Tabelle 3.1: Wertender Vergleich der Schaltkonzepte der mikrofluidischen Backplane-module. Die Schaltkonzepte sind als Aufsicht dargestellt. Die Bewertung der Funktionen vergleicht die Anzahl an möglichen Schaltwegen (die Bewertung ist umso höher, je mehr Wege möglich sind). Der Fertigungsaufwand ist in drei Unterkategorien geteilt, die die Anzahl der Ventile, Ebenen und Anschlüsse auflisten (die Bewertung ist umso höher, je geringer die Anzahl ist). Die Bewertungen sind mit den Zeichen + (für gute Bewertung), - (für schlechte Bewertung) und • (für mittlere Bewertung) symbolisiert.

	Bezeichnung	Funktionen	Ventile	Ebenen	Anschlüsse
	Schaltung A1	mittel	9	1	6
		•	+	+	+
	Schaltung B1	mittel	16	1	10
		•	−	+	−
	Schaltung C1	wenige	2	2	10
		−	+	−	−
	Schaltung C2	mittel	10	2	6
		•	+	−	+
	Schaltung D1	mittel	13	1	8
		•	•	+	•
	Schaltung D2	viele	12	2	8
		+	•	−	•

- Schaltkonzept B1 bietet zwei Fluidanschlüsse pro Schnittstelle und somit die Möglichkeit aus dem Modul heraus und anschließend wieder zurückzuleiten. Für die Schaltung zwischen allen Anschlüssen werden hierfür mindestens 16 Ventile benötigt. Wegen der damit verbundenen hohen Kosten, wurde die Schaltung nicht als Prototyp hergestellt.

- In den Schaltkonzepten C1 und C2 sind die Fluidkanäle in zwei Ebenen angeordnet. In Konzept C1 sind zwar nur zwei Ventile nötig, allerdings kann das Fluid nur durch ein Funktionsmodul gleichzeitig geleitet werden, da dann die gesamten Fluidkanäle miteinander verbunden sind. In Konzept C2 können zwei Fluidströme innerhalb eines Moduls gekreuzt werden. Da der Fertigungsaufwand deutlich größer als für Konzept A1 und die Funktionalität geringer als von Konzept D2 ist, wurde diese Schaltungen nicht umgesetzt.

- Eine dreidimensionale Zusammenschaltung, bei der die Backplanemodule zusätzlich übereinander positioniert werden können, erfordert mindestens acht Fluidanschlüsse, sechs zu den Nachbarmodulen und zwei zum Funktionsmodul. Die Anordnung der Fluidkanäle in einer Ebene wie in Schaltkonzept D1 erfordert hierfür 13 Ventile. Die Kanäle in Konzept D2 sind in zwei Ebenen angeordnet, die zu je einem Fluidanschluss an den Schnittstellen zusammenführen. Die Umsetzung dieser Schaltung mit zwölf Ventilen erfordert zwar einen höheren Fertigungsaufwand als die zweidimensionale Backplane, bietet aber mehrere Vorteile: (1) Die Leitungen zwischen den Funktionsmodulen sind unter Umständen kürzer. (2) Eine größere Anzahl an schaltbaren Wegen ist möglich, indem höhere Ebenen des mehrschichtigen Gesamtsystems genutzt werden. Dies erlaubt beispielsweise den simultanen Betrieb mit mehreren Fluidströmen. Wegen dieser Vorteile wurde Konzept D2 als Prototyp umgesetzt.

Zweidimensionale Backplane

Die zweidimensionale Backplane mit Schaltkonzept A1 wurde mit der Integration von neun Mikroventilen in eine geeignete Kanalstruktur umgesetzt (Abbildung 3.2). Die Kanalstruktur besteht aus einem Ringkanal, von dem aus je ein Stichkanal zu den Fluidanschlüssen für die vier Nachbarmodule und zu einem der zwei Anschlüsse für das Funktionsmodul führt. Der Ringkanal ist zwischen diesen Stichkanälen jeweils durch ein Ventil unterbrochen. Außerdem führt von jedem seitlichen Anschluss ein Stichkanal zum zweiten Anschluss für das Funktionsmodul. Diese Stichkanäle sind ebenfalls durch je ein Ventil unterbrochen.

Die Mikroventile mit einer Grundfläche von $10 \times 10\ \mathrm{mm}^2$ sind auf der fluidischen Kanalplatte montiert. Das Fluid strömt durch einen vertikalen Kanal zu einem Ventileingang ein und strömt - bei geöffnetem Ventil - hinter dem Ventil zurück in einen anderen Fluidkanal aus. Die Kanäle wurden geradlinig zwischen den Fluidanschlüssen für die Nachbarmodule und den Ventileingängen angelegt und sind daher anders angeordnet als in der logischen Schaltung in Tabelle 3.1 dargestellt.

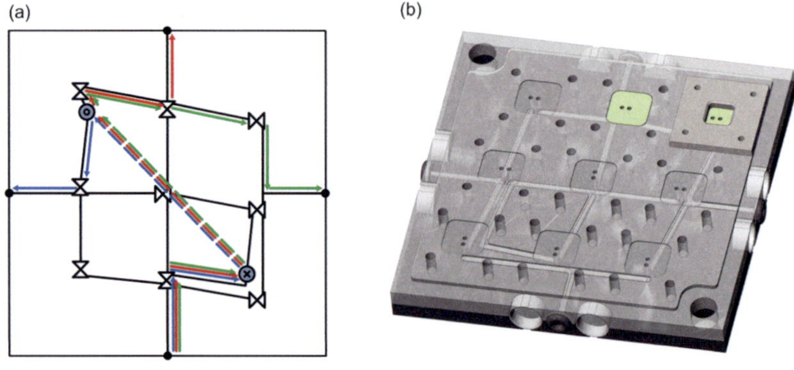

Abbildung 3.2: Fluidisches Backplanemodul mit einem Anschluss pro Richtung für zwei-dimensionale Zusammenschaltung. (a) Schema der logischen Verschaltung im Backplane-modul. Die schaltbaren Wege zu einem der Nachbarmodule sind exemplarisch für den Fall dargestellt, dass das Fluid von unten in das Modul fließt und durch das Funktionsmodul geleitet wird. (b) CAD-Modell des Backplanemoduls.

Dreidimensionale Backplane

Bei der Konstruktion der dreidimensionalen Backplane erforderte die Erhöhung der Anzahl von Anschlüssen für Nachbarmodule von vier auf sechs eine Erweiterung der Kanalstruktur. Mit zwölf Ventilen und einer geeigneten Kanalführung in zwei Ebenen innerhalb des Moduls wurde die gewünschte Funktionalität der Module realisiert (Abbildung 3.3). Die Kanalstruktur besteht aus zwei Ringkanälen, die über Stich-kanäle mit den Fluidanschlüssen verbunden sind. Die Stichkanäle werden abhängig von den Schaltstellungen der Mikroventile verbunden oder unterbrochen. Die Stichkanäle führen am Rand zusammen und verbinden somit beide Ebenen mit dem gleichen Fluidanschluss. Die Fluidanschlüsse zu den oberhalb und unterhalb positionierten Backplanemodulen werden durch die Ebenen des Backplanemoduls geführt. Im Funktionsmodul muss ebenfalls eine Durchleitung vorgesehen sein, die entweder direkt integriert oder durch einen Schlauch realisiert ist.

Die Kanäle der beiden Ebenen wurden jeweils in eine Kanalplatte strukturiert. Zwischen beiden wurde anschließend eine Platte mit fluidischen Durchleitungen positioniert, die die Kanäle an den Verbindungsstellen zusammenführen. Zwölf zylindrische Ventile mit einem Durchmesser von 8 mm wurden in einer Ebene innerhalb des Backplanemoduls angeordnet. Da bis zum Abschluss der Arbeit keine FGL-Mikroventile in dieser Größe vorhanden waren, wurden stattdessen manuell mechanisch schaltbare Ersatzventile konstruiert und eingesetzt.

(a)

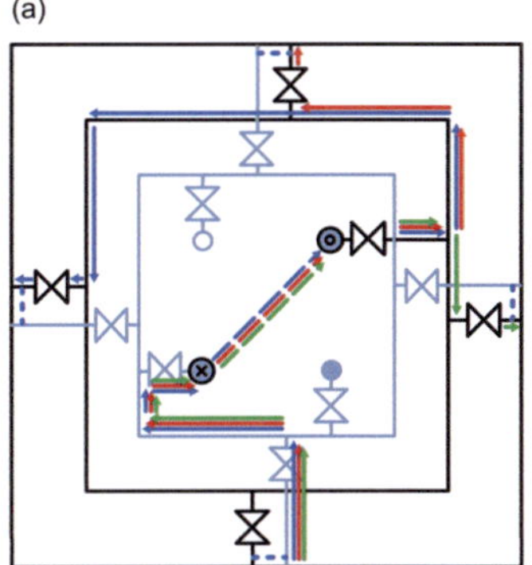

(b)

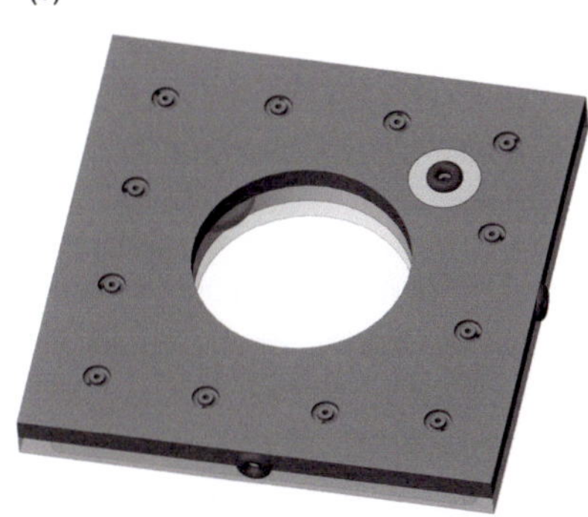

Abbildung 3.3: Fluidisches Backplanemodul mit einem Anschluss pro Richtung für drei-dimensionale Zusammenschaltung. (a) Schema der logischen Schaltung im Backplanemodul. Die schaltbaren Wege zu einem der vier horizontalen Nachbarmodule sind exemplarisch für den Fall dargestellt, dass das Fluid von unten in das Modul fließt und durch das Funktions-modul geleitet wird. Die Wege zu den beiden vertikalen Nachbarmodulen sind nicht dargestellt. (b) CAD-Modell des Backplanemoduls. Die Aussparung in der Mitte dient als Bauraum für die optische Backplane. Die untere Kanalplatte wurde auf einer Grundfläche von $36 \times 36\ \mathrm{mm}^2$ realisiert.

3.1.2 Ventilintegration

In die entwickelte mikrofluidische Backplane wurden Mikroventile integriert, die auf einer dünnen FGL-Folie als Aktor basieren [Megnin 2012a]. Die Ventile weisen je nach Variante einen Durchfluss von 10 - 20 ml/min bei einer Druckdifferenz von 10^5 Pa, einen maximal schaltbaren Druck von etwa $2 \cdot 10^5$ Pa und Schaltzeiten von 50 - 100 ms auf. Die realen Eigenschaften der Mikroventile hängen von der genauen Dimensionierung der Komponenten ab und können daher auf die jeweilige Anwendung angepasst werden.

An der Unterseite der Mikroventile sind zwei vertikale Eingänge mit einem Durchmesser von 0,5 mm und einem Mittelpunktabstand von 0,9 mm positioniert. Entsprechend wurden in die Kanalplatte zwei vertikale Durchlöcher mit gleichen Dimensionen als Ventilanschlüsse strukturiert, die je einen Kanalabschnitt der fluidischen Schaltung mit einem Fluideingang des Ventils verbinden. Die Mikro-ventile wurden direkt auf die Anschlüsse positioniert und entweder mittels einer Magnetkopplung reversibel lösbar montiert oder durch Lasertransmissionsschweißen fest verbunden.

Magnetkopplung

Die Mikroventile wurden mittels einer reversibel lösbaren magnetischen Kopplung [Megnin 2012b] auf die fluidische Kanalplatte montiert (Abbildung 3.4a). Hierfür wurde in die Unterseite des Mikroventils ein Ringmagnet mit $8 \times 4 \times 3 \ \text{mm}^3$ (Außendurchmesser × Innendurchmesser × Höhe) integriert, der die Ventileingänge umschließt. Auf die Kanalplatte wurden 1 mm dicke weichmagnetische Metallplatten montiert, die mit einer Aussparung für die Ventilanschlüsse strukturiert sind. Hierbei wurde entweder jeweils eine eigene Metallplatte unter jedes Ventil oder eine durchgehende Metallplatte auf der gesamten Kanalplatte platziert.

Zwischen Ventilanschlüssen und Ventileingängen wurde eine Dichtmembran eingefügt, die durch die magnetische Kopplung verpresst wird. Das Fluid fließt bei geöffnetem Ventil aus einem der Kanäle durch den Ventilanschluss, die Dichtmembran und den Ventileingang in die Ventilkammer und von dort wieder aus dem Ventil in die Kanalplatte.

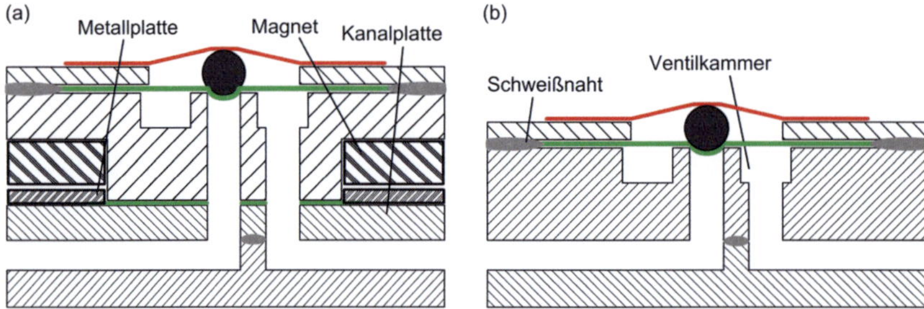

Abbildung 3.4: CAD-Schnittmodelle der Ventilintegration auf der fluidischen Kanalplatte. (a) Lösbare Magnetkopplung mit Dichtmembran (grün) zwischen fluidischer Kanalplatte und Ventil. (b) Durch Lasertransmissionsschweißen fixierte Verbindung mit in die fluidische Kanalplatte integrierten Ventilsitz.

Dieses Konzept hat den Vorteil, dass die Mikroventile manuell ausgetauscht werden können, um beispielsweise eine andere Variante einzusetzen, defekte Ventile zu ersetzen, oder die fluidische Kanalplatte separat reinigen oder ersetzen zu können. Im Vergleich zu einer Schraubverbindung ist die Montage deutlich schneller. Zudem reiben die Kopplungsflächen bei der Montage nur wenig aneinander, wohingegen bei der Montage einer Schraube ein Abrieb im Gewindegang des Polymersubstrats auftritt, der langfristig zur Abnutzung der Verbindung führen kann.

Schweißverbindung

Alternativ zu der lösbaren magnetischen Kopplung wurden die Mikroventile mittels Lasertransmissionsschweißens mit der fluidischen Kanalplatte verbunden. Hierbei ist der Ventilsitz direkt in die fluidische Kanalplatte strukturiert, so dass die Dichtung zwischen den Ventileingängen und der Kanalplatte wegfällt (Abbildung 3.4b). Die Schweißnaht führt um den Rand des Ventilgehäuses, mit dem der Ventilaktor und die Ventilmembran verpresst werden. Die Gesamthöhe der fluidischen Backplane ist um 5 mm flacher als im Fall der magnetischen Kopplung.

3.1.3 Simulation und Auslegung

Durch das Anlegen einer Druckdifferenz zwischen Eingang und Ausgang können Fluide durch Kanalsysteme geleitet werden. Entlang des Weges, den das Fluid zurücklegt, fällt der Druck kontinuierlich ab [Bruus 2008]. Der Zusammenhang zwischen Druckdifferenz Δp und Durchflussrate Q kann in Anlehnung an die Elektrotechnik als fluidischer Widerstand R_{fluid} bezeichnet werden

$$R_{fluid} = \frac{\Delta p}{Q}. \qquad\qquad \text{(Gleichung 3.1)}$$

Bei der Zusammenschaltung mehrerer Elemente kann der effektive fluidische Gesamtwiderstand näherungsweise wie bei ohmschen Widerständen aus den Einzelwiderständen ermittelt werden. Der fluidische Widerstand der Fluidkanäle und zwischengeschalteten Ventile muss möglichst gering gehalten werden, um die gewünschte Durchflussrate zu erhalten ohne dabei hohe fluidische Drücke zu benötigen. Hohe Drücke zu erzeugen und handzuhaben ist insbesondere in der Mikrofluidik technologisch aufwendig. Wenn mehrere Ventile in Reihe geschaltet sind, ergibt sich die Druckdifferenz für das Gesamtsystem aus der Summe der Einzelwerte. Jeder Ventilaktor muss allerdings gegen den absoluten Druck in der Ventilkammer arbeiten, so dass die maximale an einem Ventil anliegende Druckdifferenz indirekt durch die Anzahl der Ventile beschränkt ist.

Je breiter die Fluidkanäle sind, desto geringer sind einerseits der fluidische Widerstand und die Wahrscheinlichkeit einer Kanalverstopfung. Andererseits steigen damit das Totvolumen, also das Volumen zwischen den funktionalen Elementen, und folglich auch die mindestens benötigte Fluidmenge sowie die dynamische Antwortzeit des Systems. Der Einfluss der Kanalgeometrie auf die Durchflusscharakteristik wurde mittels numerischer Simulationen in *COMSOL* ermittelt.

Die Simulation des fluidischen Strömungsverhaltens erforderte zunächst die Bestimmung geeigneter Randbedingungen und des zu Grunde liegenden Strömungsmodells, also ob für den anliegenden Druckabfall entlang eines Kanalabschnitts laminare oder turbulente Strömung vorliegt. Hierfür wurde die resultierende mittlere Strömungsgeschwindigkeit v_m iterativ mit Hilfe erster Simulationen abgeschätzt. Nach Gleichung 2.7 wurden daraus die vorliegenden Reynoldszahlen Re in den Kanälen ermittelt. Mit Hilfe des sogenannten hydraulischen Durchmessers d_h wurde auch das Verhalten in der Ventilkammer beschrieben. Näherungsweise gibt d_h für einen nicht-kreisförmigen Kanal einen äquivalenten Durchmesser eines kreisförmigen Kanals an, in dem sich der gleiche Turbulenzgrad einstellen würde, wobei

$$d_h = \frac{4A}{U} \qquad\qquad\text{(Gleichung 3.2)}$$

mit der Querschnittsfläche des Kanals A und dem Umfang des Kanals U. Am Eingang zur Ventilkammer (Abbildung 3.5a) wurde ein Querschnitt von $A = 2 \cdot \pi \cdot 0,5 \times 0,05$ mm^2 und ein Umfang von $U = 2 \times (0,5 \cdot \pi + 0,05)$ mm angenommen.

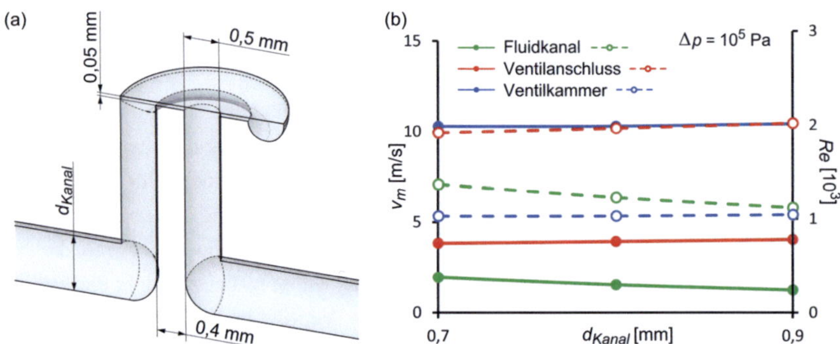

Abbildung 3.5: Schema und Ergebnisse der fluidischen Simulation. (a) CAD-Schnittmodell der simulierten Kanalstruktur mit Ventilanschluss und Ventilsitz. Die charakteristischen Dimensionen der Strukturen sind angegeben. (b) Mittlere Strömungsgeschwindigkeit v_m (durchgezogene Linien) und Reynoldszahlen Re (gestrichelte Linien) als Funktion des Durchmessers des Fluidkanals d_{Kanal}, für eine Druckdifferenz von $\Delta p = 10^5$ Pa. Einzelwerte.

Mit der Annahme, dass zwischen den Ventileingängen eines Mikroventils eine Druckdifferenz von $\Delta p = 10^5$ Pa anliegt und als Fluid Wasser bei einer Temperatur von 20°C genutzt wird ($\eta = 10^{-3}$ Pa·s), ergibt sich das in Abbildung 3.5b dargestellte Verhalten. Innerhalb des gesamten simulierten fluidischen Systems liegen die Reynoldszahlen für verschiedene Fluidkanäle mit Durchmessern von maximal $d_{Kanal} = 0,9$ mm bei $Re < 2000$. Für eine Druckdifferenz von $\Delta p = 10^4$ Pa ergibt sich

Re < 540. Da die ermittelten Reynoldszahlen abhängig von der Druckdifferenz teilweise in der Größenordnung von $Re_{krit} = 2300$ liegen, wurden Simulationen mit dem laminaren und mit dem turbulenten Strömungsmodell durchgeführt.

Zur Ermittlung der genauen Zusammenhänge mussten die Randbedingungen des Systems angepasst werden. Zum einen kann für laminare Strömung an der Kanalwand die sogenannte Haftbedingung nach Gleichung 2.10 angenommen werden. Wenn ein Kanalabschnitt innerhalb des Kanalsystems isoliert betrachtet werden soll, muss zum anderen beachtet werden, dass die offenen Kanalenden die Geschwindigkeitsprofile der Eingangs- und Ausgangsabschnitte beeinflussen. Dieser Einfluss kann minimiert werden, indem zusätzliche Kanalabschnitte konstanten Querschnitts am Ein- und Ausgang ergänzt werden. Die mindestens benötigte Länge der zusätzlichen Kanalabschnitte L_e kann abgeschätzt werden durch [Nguyen 2006]

$$L_e \approx 0{,}06 \, \mathrm{Re} \, d_h \quad , \quad \mathrm{Re} > 10 \qquad \text{(Gleichung 3.3)}$$

$$L_e \approx \left(\frac{0{,}6}{1 + 0{,}035 \, \mathrm{Re}} + 0{,}056 \, \mathrm{Re} \right) d_h \quad , \quad \mathrm{Re} \leq 10 . \qquad \text{(Gleichung 3.4)}$$

Um eine numerisch genaue Lösung zu erhalten, muss zudem eine genügend feine Diskretisierung der finiten Volumenelemente vorgenommen werden. Die hier simulierte fluidische Struktur wurde in etwa 10^5 Elemente aufgeteilt. Insbesondere an der Kanalwand ist das Geschwindigkeitsprofil im Allgemeinen steiler. Dieses Verhalten wurde hier berücksichtigt, indem am Kanalrand mit besonders dünnen Schichten diskretisiert wurde.

Abbildung 3.6a zeigt die simulierte Durchflussrate von Wasser als Funktion der Druckdifferenz zwischen den Anschlüssen eines Ventils. Hierbei zeigt sich eine mit der Druckdifferenz zunehmende Sättigung der Durchflussrate. Der Vergleich mit der turbulenten Simulation zeigt einen mit der Druckdifferenz zunehmenden Fehler bei Annahme des laminaren Modells. So beträgt der Fehler 1,9 % bei einer Druckdifferenz von 10^4 Pa und 14,8 % bei $5 \cdot 10^4$ Pa.

In Abbildung 3.6b ist dargestellt, dass in Annahme gleichbleibender Dimensionen der Ventilkammer und der Ventilanschlüsse die Durchflussrate nur leicht mit dem Kanaldurchmesser steigt. Einen stärkeren Einfluss haben die Dimensionen der Ventilkammer, da diese innerhalb des Kanalabschnitts den kleinsten Querschnitt aufweist (Abbildung 3.6b, Nebenbild).

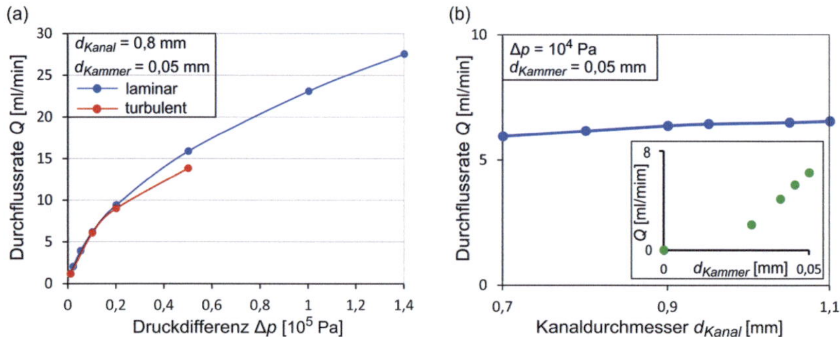

Abbildung 3.6: Ergebnisse der fluidischen Simulation. (a) Durchflussrate Q als Funktion der Druckdifferenz Δp, simuliert mit dem laminaren (blau) und turbulenten (rot) Strömungsmodell. (b) Durchflussrate Q als Funktion des Kanaldurchmessers für eine Druckdifferenz von $\Delta p = 10^4$ Pa (laminares Strömungsmodell). Nebenbild: Durchflussrate Q als Funktion der Höhe der Ventilkammer d_{Kammer}. Einzelwerte.

Am Eingang der Ventilkammer treten wegen des geringsten Querschnitts die höchsten Strömungsgeschwindigkeiten auf (Abbildung 3.7a). Dieses Verhalten kann weiter untersucht werden, indem die Anteile am fluidischen Widerstand der einzelnen Abschnitte, also Kanalabschnitt, Ventilanschluss und Ventilkammer ermittelt werden. Da verschiedene Querschnitte miteinander verglichen werden, darf hierbei nicht der statische Druck betrachtet werden. Stattdessen muss der sogenannte totale Druck p_{tot} untersucht werden, der sich aus dem statischen Druck p_{stat} und dem sogenannten äquivalenten dynamischen Druck p_{dyn} zusammensetzt [Bohl 2008], mit

$$p_{tot} = p_{stat} + p_{dyn} = p_{stat} + \frac{\rho v_m^2}{2}. \qquad \text{(Gleichung 3.5)}$$

Abbildung 3.7b zeigt einen starken Abfall des totalen Drucks p_{tot} am Eingang der Ventilkammer. Zur Minimierung des fluidischen Widerstands müssten in erster Linie also die Geometrie der Ventilkammer optimiert werden. Zudem sollten die Aktoren der eingesetzten Mikroventile einen möglichst großen mechanischen Hub erreichen.

Die Kanalstruktur wurde so ausgelegt, dass die Kanäle die Fluidanschlüsse und die Ventile geradlinig verbinden, um einen möglichst geringen fluidischen Wiederstand aufzuweisen. Da die Durchflussrate im untersuchten Bereich nur gering vom Kanaldurchmesser abhängt, wurde hier aus fertigungstechnischen Gründen $d_{Kanal} = 0,8$ mm ausgewählt. Noch größere Durchmesser wurden vermieden, um das Totvolumen gering zu halten und so das dynamische Durchflussverhalten nicht zu reduzieren. Es wurden runde Kanalquerschnitte gewählt, um die Spülbarkeit zu gewährleisten.

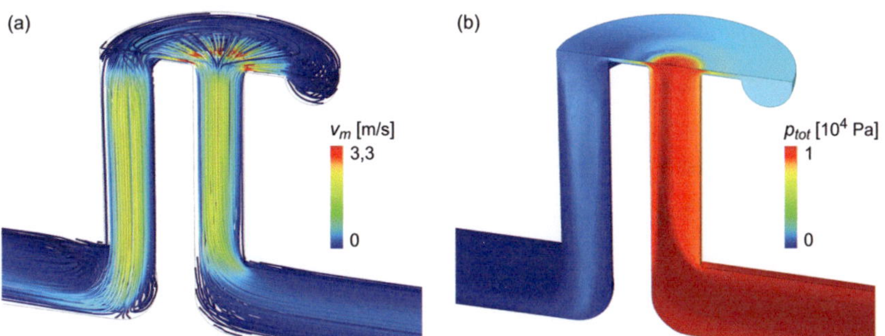

Abbildung 3.7: Ergebnisse der fluidischen Simulation für einen Durchmesser des Fluidkanals von $r_k = 0{,}8$ mm. (a) Mittlere Strömungsgeschwindigkeit v_m von eingangsseitig äquidistanten Strömungslinien innerhalb der Kanalstruktur in Farbskala. (b) Totaler Druck p_{tot} an der Kanalwand und als Schnitt durch die Kanalstruktur in Farbskala.

3.1.4 Elektronische Ventilsteuerung

Die Mikroventile der zweidimensionalen Backplane wurden mittels einer elektronischen Backplane angesteuert, die aus zwei Platinen und darauf montierten Bauelementen besteht (Abbildung 3.8) [Voigt 2011]. Der Aufbau sieht eine stufenweise Steuerung der Ventile mittels eines pulsweitenmodulierten Signals vor, sodass der mittlere Steuerstrom auf verschiedene Ventilvarianten angepasst werden kann. Da jedes einzelne Ventil individuell gesteuert werden kann, ist es möglich gleichzeitig verschiedene Ventilvarianten im selben Backplanemodul zu kombinieren.

Die rechnergestützte Bedienung erfolgt über ein in *ProfiLab* entwickeltes Programm, mit dem der integrierte Mikrocontroller angesteuert werden kann (Anhang, Abbildung A.1). Die Kommunikation zwischen Rechner und Mikrocontroller basiert auf dem Protokoll *RS232*. Der Mikrocontroller generiert ein 40 kHz pulsweitenmoduliertes Steuersignal. Hierbei können entweder einzelne oder entsprechend des gewünschten Schaltzustands mehrere Ventile gleichzeitig angesteuert werden. In die elektronische Schaltung sind Leistungswiderstände integriert. Zur Ermittlung des mittleren Steuerstroms wird im Einschaltzustand der Spannungsabfall am Leistungswiderstand gemessen und mit dem Tastverhältnis des Steuersignals multipliziert.

Die elektrische Kontaktierung der FGL-Aktoren wurde mit Kontaktflächen auf der Unterseite der unteren Platine und Federkontaktstiften im Ventildeckel realisiert. Die Anpassung auf andere Anordnungen der Ventile erfordert eine Verschiebung der Kontaktflächen. Zudem müsste bei einer höheren Anzahl an Mikroventilen ein anderer Mikrocontroller mit mehr Steuerausgängen gewählt werden, oder ein zusätzlicher Mikrocontroller oder Digital-Analog-Wandler eingesetzt werden.

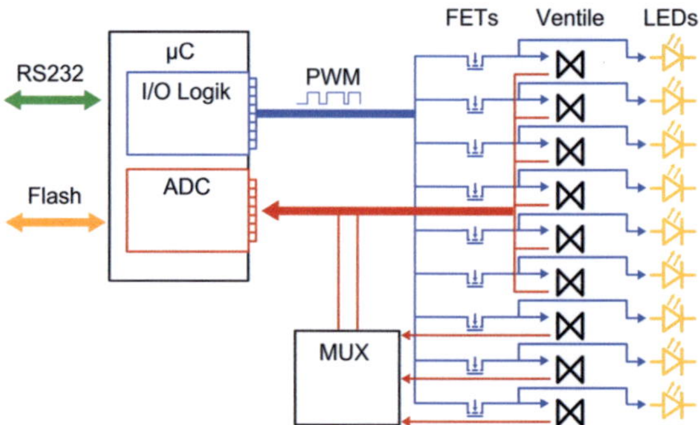

Abbildung 3.8: Schema der elektronischen Backplane zur Ventilsteuerung. Die pulsweiten-modulierten (PWM) Signale zur Steuerung der Ventile und LEDs werden durch Feldeffekt-transistoren (FETs) freigeschaltet und sind blau dargestellt. Das gemessene Signal zur Ermittlung des Steuerstroms ist rot dargestellt, wobei drei Signale wegen der fehlenden Eingänge des Mikrocontrollers von einem Multiplexer (MUX) abwechselnd an den Mikro-controllers weitergeleitet werden. Die Kommunikations- (RS232) und Programmier-schnittstellen (Flash, kann auch im Mikrocontroller integriert sein) des Mikrocontrollers sind grün und orange dargestellt.

3.1.5 Modulare fluidische Kopplung

Die Zusammenschaltung der Module erfolgt über standardisierte Schnittstellen, so dass alle Module variabel miteinander kombiniert werden können [Brammer 2011c]. Entscheidend bei der Gestaltung der Schnittstellen war, dass einerseits eine mechanisch belastbare und fluiddichte Verbindung gewährleistet ist, dass andererseits aber auch ein einfaches An- und Abkoppeln zum Austauschen von Modulen oder Erweitern des Systems mit weiteren Modulen jederzeit möglich ist. Die mechanische Verbindung wurde durch eine lösbare magnetische Kopplung realisiert. Die fluidische Dichtheit wurde durch den Einbau von elastischen Dichtelementen erreicht, die bei der Zusammenschaltung der Module verpresst werden.

Fluidische Kopplung

Für die fluidische Kopplung zwischen den Backplanemodulen wurden Dichtelemente in Aussparungen eingefügt, die die Kanäle umschließen (Abbildung 3.9). Die Aussparungen wurden so dimensioniert, dass die elastischen Dichtelemente bei der Zusammenschaltung von zwei Modulen verpresst werden. Hierfür wurden entweder elastische O-Ringe (Abbildung 3.9a) oder Membranen eingesetzt (Abbildung 3.9b).

Membranen oder O-Ringe mit rechteckigem Querschnitt haben den Vorteil, dass je ein Dichtelement in die beiden zu verbindenden Schnittstellen integriert und beide gegeneinander verpresst werden können. Diese Verbindung stellt einen vollständig symmetrischen und untereinander kompatiblen Aufbau der Schnittstellen dar. O-Ringe mit rundem Schnurquerschnitt sind zwar günstiger und in größerer Auswahl erhältlich, verrutschen aber leichter und wurden daher nur einzeln je Verbindungsstelle eingesetzt.

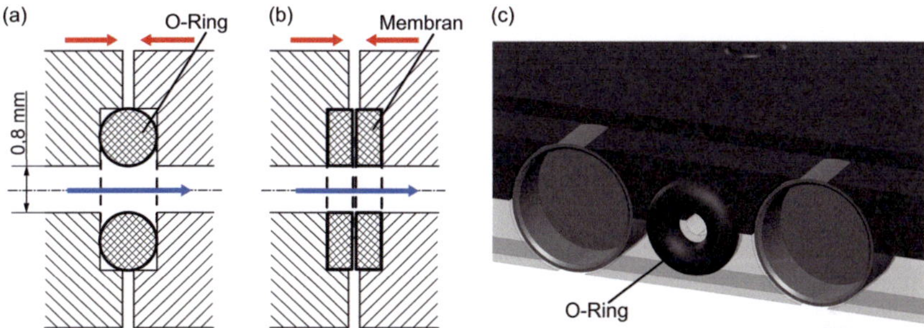

Abbildung 3.9: Alternative fluidische Kopplungen. Die Anpresskraft ist mit roten Pfeilen dargestellt, der fluidische Durchfluss mit blauen Pfeilen. (a) Schema der fluidischen Kopplung mit O-Ring. (b) Schema der fluidischen Kopplung mit Dichtmembran (rechteckiger Querschnitt). (c) CAD-Modell der fluidischen Kopplung mit O-Ring und Metalltöpfen für eine magnetische Kopplung zum Anschluss einer externen Fluidleitung.

Magnetische Kopplung

Um die Dichtelemente verpressen und wieder trennen zu können, müssen geeignete mechanische Kopplungen in die beiden zu verbindenden Module integriert werden. Im Rahmen dieser Arbeit wurden magnetische Kopplungen entwickelt.

In jede Schnittstelle des Moduls, wurden zwei symmetrisch angeordnete magnetische Kopplungen integriert, wobei die eine als permanentmagnetischer Stecker (5 mm Durchmesser × 5 mm Höhe) und die andere als weichmagnetische Buchse (7 mm Durchmesser × 6 mm Höhe) ausgelegt ist (Abbildung 3.10). Die Magnetkraft wird verstärkt durch den weichmagnetischen Topf, der den zylindrischen Permanentmagneten umgibt, da dadurch der magnetische Fluss durch den Topf geführt wird und eine zusätzliche Magnetkraft zwischen Topf und Buchse wirkt. Die Simulation der Magnetkraft mit einer Finiten-Element-Methode (*FEMM*) zeigt, dass bei einem Luftspalt von 0,1 mm die wirkende Kraft um etwa 30 % stärker ist als bei einer gleichgroßen Kopplung aus zwei Permanentmagneten.

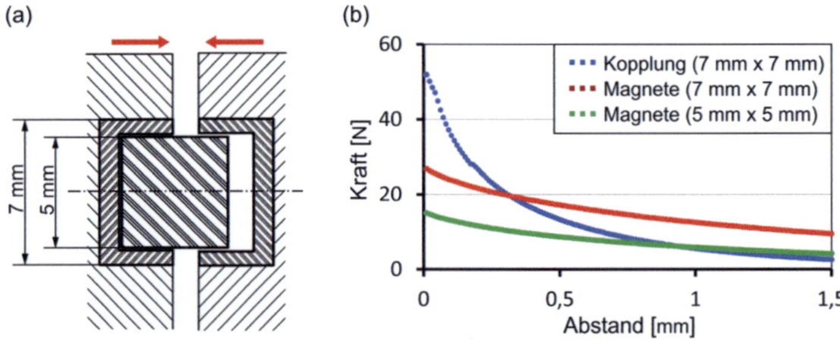

Abbildung 3.10: Magnetische Kopplung. (a) CAD-Modell der magnetischen Kopplungs-elemente, permanentmagnetischer Stecker (links) und weichmagnetische Buchse (rechts). (b) Magnetkraft als Funktion des Luftspalts für die konstruierte magnetische Kopplung (blau), eine gleichgroße Kopplung bestehend aus zwei Permanentmagneten (rot) und einer Kopplung aus zwei Permanentmagneten in der Größe des in der konstruierten Kopplung eingesetzten Magneten (grün). Einzelwerte.

Die Dimensionierung der Magneten ist so gewählt, dass die magnetische Kopplung manuell lösbar ist. Sie besitzt den Vorteil, dass sie sich auch durch häufiges Lösen nicht abnutzt. Außerdem wirkt die Magnetkraft auch bei leicht geöffneter Verbindung, so dass ein Versatz der Module durch eventuell auftretende Erschütterungen ausgeglichen wird und die Verbindung sich selbst wieder schließen kann. Die Kopplung wurde als Spielpassung dimensioniert, die verhindert, dass die Schnittstelle mechanisch überbestimmt ist und zwischen den Modulen unerwünschte Spannungs-belastungen auftreten können [Gross 2011].

Dieses Kopplungskonzept lässt sich auch für die Anbindung externer Leitungen an die Backplanemodule oder zur Verbindung von zwei Schläuchen nutzen, wobei es für eine Schlauchverbindung vorteilhaft ist, statt der zylinderförmigen Magnete Ring-magnete direkt um die fluidischen Anschlüsse zu positionieren [Megnin 2010].

3.2 Herstellung

Die konstruierte Bauweise eignet sich für die industrielle Fertigung mittels Abformung, so dass bei großen Stückzahlen geringe Herstellungskosten möglich sind. Als Halbzeuge für die Substrate wurden die Polymere PMMA, COC und PPS genutzt. Spritzgegossene Substrate aus PMMA und PPS sind in verschiedenen Formen und Größen erhältlich. COC wurde als Granulat bezogen und mittels Spritzgießen zu Platten verarbeitet. Um möglichst geringe mechanische Spannungen im Material zu erzeugen, muss die Polymerschmelze dabei langsam abgekühlt werden.

Vor der Herstellung der Prototypen wurden Vorversuche zu Verbindungstechnologien durchgeführt. Die Herstellung der mikrofluidischen Backplanemodule umfasste (1) die Strukturierung und materialschlüssige Verbindung der Polymersubstrate zu fluidischen Kanalplatten, (2) die Integration der Mikroventile, (3) ihrer elektronischen Steuerung, sowie (4) den Aufbau der fluidischen Kopplung.

3.2.1 Vorversuche zur Verbindungstechnologie

Im Rahmen dieser Arbeit wurden Technologien zur fluiddichten und mechanisch festen materialschlüssigen Verbindung zwischen der fluidischen Kanalplatte und der Deckelplatte sowie zur Montage von Mikroventilen auf der Kanalplatte untersucht. Hierfür wurden Dichtheits- und Zugversuche an durch verschiedene Verfahren miteinander verbundenen Proben durchgeführt. Die Dichtheitsversuche wurden an Proben durchgeführt, in die entsprechend der umgesetzten fluidischen Kanalplatte Kanäle mit minimalen Abständen von 0,4 mm strukturiert wurden. Die Zugversuche wurden an unstrukturierten und ganzflächig verschweißten Platten durchgeführt. Die im Rahmen der vorliegenden Arbeit untersuchten Verbindungstechnologien sind Lasertransmissionsschweißen und Ultraschallschweißen.

Lasertransmissionsschweißen

Lasertransmissionsschweißen wurde eingesetzt, um sowohl die fluidische Kanalplatte und die Deckelplatte als auch die Kanalplatte und die Mikroventile miteinander zu verschweißen. Hierfür wurde ein Diodenlaser mit einer Wellenlänge von 940 nm und einem Strahldurchmesser von 0,32 mm × 0,41 mm Halbwertsbreite im Dauerstrichbetrieb (cw, englisch: continuous wave) eingesetzt. Tests mit einer alternativen Laserquelle mit einer Wellenlänge von 1064 nm und 0,05 mm Halbwertsbreite haben zu Rissen im Material geführt [Steidle 2010].

Es wurden Platten aus reinem und somit quasi-transparentem COC (*TOPAS 6013*) mit 3 Vol.-% Kohlenstoff angereichertem und somit den Laserstrahl absorbierendem COC verschweißt. Als Verfahren wurde Konturschweißen durchgeführt, wobei der Strahl entweder einmalig oder zweimalig über die gesamte Fläche geführt wurde. Der Laser kann entweder (1) auf die mit einem Pyrometer gemessene Temperatur geregelt oder (2) mit einem konstanten Strom betrieben werden.

- Im geregelten Betrieb kann die Schmelztemperatur des Materials als Richtwert für die Regelung der Temperatur angenommen werden, so dass die Rüstzeiten kurz sind. Allerdings sind hierbei wegen der beschränkten Antwortzeiten des

Temperaturreglers nur langsamere Vorschubgeschwindigkeiten möglich. Als geeignete Parameter wurden eine Regeltemperatur von 140°C, eine Vorschubgeschwindigkeit von 30 mm/s und ein Linienabstand von 0,3 mm ermittelt.

- Der Betrieb mit konstantem Strom erforderte eine genaue Ermittlung der Parameter, ermöglichte aber auch schnelle Vorschubgeschwindigkeiten des Strahls. Als geeignete Parameter haben sich beim verwendeten Laser ein konstanter Strom von 23 A, eine Vorschubgeschwindigkeit von 200 mm/s und ein Linienabstand von 0,3 mm ergeben.

Die Zug- und Dichtheitsversuche haben ergeben, dass Lasertransmissionsschweißen für die Verbindung der hergestellten fluidischen Kanalplatte geeignet ist, wobei der Betrieb mit konstantem Strom vorzuziehen ist.

- In den im geregelten Betrieb geschweißten Proben ist die Schweißkontur deutlich sichtbar und unregelmäßig. Bei einmaliger Konturschweißung kam es teilweise zu undichten Stellen. Alle Proben, die zweimalig geschweißt wurden, wobei die zweite Kontur senkrecht zur ersten gefahren wurde, waren bis zum maximal angelegten Druck von 10^7 Pa fluiddicht.

- Mit den optimierten Parametern ist auf den im Betrieb mit konstantem Strom geschweißten Proben keine Schweißkontur zu erkennen. Zudem ist die am Rand der Probe ausgetretene erstarrte Schmelze deutlich geringer als im geregelten Betrieb. Alle Proben waren schon nach einmaliger Konturschweißung bis zum maximal angelegten Druck von 10^7 Pa fluiddicht. Für die Strukturen aus COC wurde eine Zugfestigkeit von $4,1 \cdot 10^6 \pm 0,4 \cdot 10^6$ Pa ermittelt.

Wichtige Erkenntnisse aus den Vorversuchen sind: (1) Der verwendete Laser darf nicht zu stark fokussiert werden, um das Material nicht lokal zu zersetzen und Materialspannungen zu erzeugen. Proben, die mittels eines Lasers mit einem Strahldurchmesser von 0,05 mm Halbwertsbreite verschweißt wurden, waren undicht und zeigten geringe Zugfestigkeit. (2) Die Fügepartner müssen möglichst gleichmäßig zusammengepresst werden, damit eine gleichmäßig dichte und feste Verbindung entsteht. Dazu muss sichergestellt werden, dass die Oberflächen glatt sind und beispielsweise der Rand von gefrästen Kanälen keine Grate oder Überhöhung aufweist. (3) Beim Betrieb des Lasers mit konstantem Strom und hierfür optimierten Parametern können gleichmäßige, fluiddichte Schweißnähte in COC erzeugt werden.

Alternativ zu einer Beimischung des Kohlenstoffs zum Substratmaterial kann eine etwa 100 nm dicke teilabsorbierende Schicht aufgetragen werden [Pfleging 2006].

Dieses Verfahren wurde getestet, um in einem Schritt mehrere Werkstücke übereinander zu verschweißen. Es bietet sich als Alternative an, um die Ventile und die Kanalplatten in einem Schweißvorgang miteinander zu verschweißen. Die gemessen Ergebnisse an PMMA zeigen zwar eine geringere Zugfestigkeit von etwa 10^6 Pa, aber eine fluiddichte Schweißnaht.

Ultraschallschweißen

Ultraschallschweißen wurde als alternatives Verfahren auf seine Eignung zur Verbindung der Ventile mit der fluidischen Kanalplatte untersucht [Steidle 2010]. Es wurde getestet, ob einzelne oder mehrere Bauteile aus PMMA, COC oder PEEK parallel in einem Schweißvorgang verschweißt werden können.

Die Schweißnaht wurde in zwei alternativen Ausführungen ausgelegt, als Nut- und Federnaht sowie als Quetschnaht (Anhang, Abbildung A.2) [Rupp 2008]. Die Nut- und Federnaht erlaubt eine einfache Konstruktion der Energierichtungsgeber. Hierbei muss das Verhältnis zwischen den Volumina der Nut und der Feder beachtet werden, damit einerseits keine Schmelze austritt und andererseits eine fluiddichte Naht erzeugt werden kann. Die Auslegung der Quetschnaht ist aufwendiger, da sich die Energierichtungsgeber nicht symmetrisch verformen. Allerdings tritt während des Schweißvorgangs eine höhere Reibung auf, da das Material dabei senkrecht zur Ausbreitungsrichtung verpresst wird. In teilkristallinen Polymeren wie PEEK kann dadurch eine fluiddichte Verbindung entstehen, auch wenn die Schweißnaht sehr dünn oder nicht durchgängig ist. In nicht-kristallinen Polymeren werden die Schallwellen stärker absorbiert, so dass die zusätzliche Reibung zu Rissen führen kann.

Aus den Vorversuchen wurden geeignete Herstellungsparameter ermittelt. Zudem können aus der Untersuchung folgende Schlüsse gezogen werden: (1) Die Fügepartner sollten möglichst gleichmäßig zusammengepresst werden, wodurch sich insbesondere bei der parallelen Verschweißung mehrerer Werkstücke hohe Anforderungen an die Fertigungstoleranz ergeben. (2) Die konstruierte Schweißnaht sollte gleichmäßig über die Verbindungsfläche verteilt sein. Abbildung 3.11 zeigt die Ergebnisse der Zug- und Dichtheitsversuche an ultraschallverschweißten Proben.

- Die besten Ergebnisse an Proben aus PMMA oder COC wurden mit der Nut- und Federnaht gemessen und zeigen eine hohe Zugfestigkeit und fluidische Dichtheit. Bei der Verbindung mit der Quetschnaht haben sich teilweise Risse im Material gebildet, die zu undichten Schweißnähten führten. Paralleles Schweißen von drei Proben hat zu niedrigeren Festigkeiten geführt, war aber in allen Fällen fluiddicht.

- Während PEEK nicht zum Lasertransmissionsschweißen geeignet ist, da es die Laserstrahlung der gewählten Wellenlängen stark absorbiert, wurden sehr gute Ergebnisse bei der Verbindung mittels Ultraschallschweißens ermittelt. Dieses Verhalten kann mit der teilkristallinen Polymerstruktur des Materials begründet werden, die die effiziente Leitung der Schallwellen begünstigt. Hierfür hat sich die Quetschnaht als vorteilhaft erwiesen, bei der eine Zugfestigkeit von $1{,}5{\cdot}10^7$ Pa und fluidische Dichtheit nachgewiesen wurde.

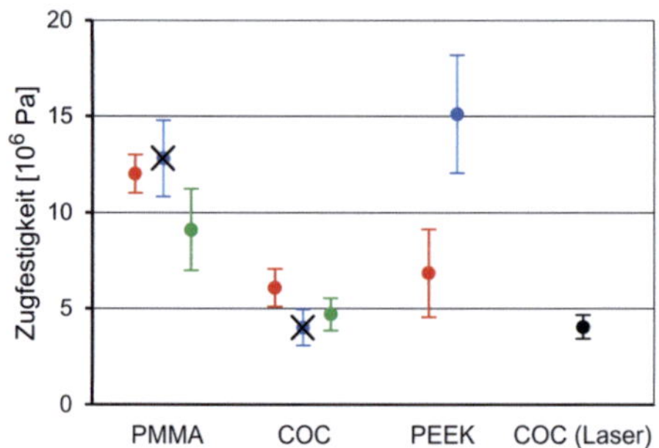

Abbildung 3.11: Zugfestigkeit ultraschallverschweißter Polymerproben in Abhängigkeit des Polymermaterials und der Verbindungsnaht. (rot) Nut- und Federnaht, (blau) Quetschnaht, (grün) parallel verschweißte Nut- und Federnaht. Die Zugfestigkeit laserverschweißter Proben aus COC ist als Referenz dargestellt. Mit einem Kreuz markierte Werte weisen auf Risse im Material und undichte Nähte hin. Mittelwerte ± Standardabweichung.

3.2.2 Fluidische Kanalplatte

Die Herstellung der fluidischen Kanalplatte umfasst die Strukturierung der Kanäle und der vertikalen Ventilanschlüsse sowie die Verbindung mit einer Deckelplatte mittels Lasertransmissionsschweißens.

Als Halbzeug für die Herstellung der fluidischen Kanalplatten wurden Platten aus reinem, transparentem und mit 3 Vol.-% Kohlenstoff angereichertem, schwarzem COC (*TOPAS 6013*) verwendet. Abhängig von den Stückzahlen bieten sich verschiedene Technologien zur Strukturierung der fluidischen Kanalplatten an. Für die Strukturierung der Prototypen wurden wegen der geringen Stückzahlen die spanenden Verfahren Fräsen und Bohren eingesetzt. Für größere Stückzahlen bietet sich insbesondere Spritzprägen, das zwar hohe Werkzeugkosten erfordert, aber kurze Fertigungszeiten ermöglicht und geringe Materialspannungen erzeugt.

Die strukturierte Kanalplatte wurde mit einer Deckelplatte mittels Lasertransmissions-schweißens auf der Basis der in den Voruntersuchungen ermittelten Parameter verbunden (Abbildung 3.12). Bei der Herstellung der dreidimensionalen mikro-fluidischen Backplane wurden zwei Kanalplatten und eine Deckelplatte in zwei Schweißvorgängen miteinander verbunden. Hierbei wurde für die mittlere Platte schwarzes COC und die anderen Platten transparentes COC gewählt.

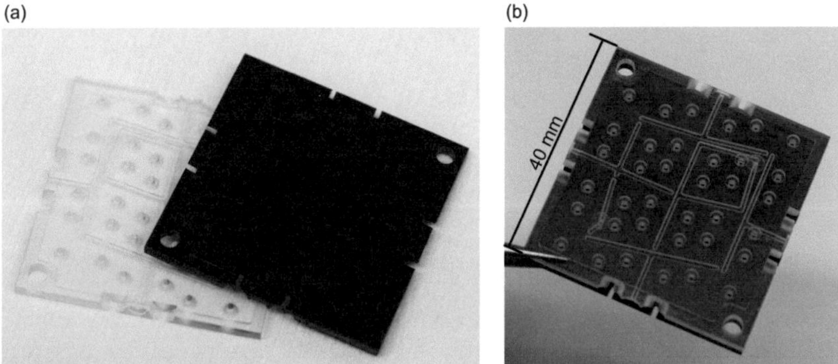

Abbildung 3.12: Fotos der fluidischen Kanalplatten der Variante der zweidimensionalen mikrofluidischen Backplane. (a) Kanalplatte und Deckelplatte vor der Schweißverbindung. (b) Verschweißte Kanalplatte und Deckelplatte.

3.2.3 Ventilintegration

Zwei verschiedene Konzepte zur Montage der Mikroventile auf der fluidischen Kanal-platte (Abbildung 3.13) wurden umgesetzt, einer reversibel lösbaren Magnetkopplung und einer materialschlüssigen Schweißverbindung.

Magnetkopplung

Für die lösbare Ventilkopplung wurde auf die Kanalplatte eine Metallplatte montiert und in das Ventilgehäuse ein Ringmagnet. Die Metallplatte wurde auf die Kanalplatte geschraubt und fixiert dabei eine 0,23 mm dicke Silikonmembran, die bei der Montage des Ventils verpresst wird und so als Dichtelement dient. Der Ringmagnet wurde im Ventilgehäuse mittels einer Presspassung kraftschlüssig fixiert. Die Verbindungen zwischen Ventilgehäuse und Magnet, sowie zwischen Kanalplatte und Metallplatte kommen nicht in Kontakt mit dem Fluid, so dass zum Verbinden alternativ auch Klebstoff eingesetzt werden kann.

Abbildung 3.13: Foto der mikrofluidischen Backplane mit drei montierten FGL-Mikroventilen in der NC-Variante und sechs Ersatzventilen mit eingeprägter Schaltstellung.

Als Magnetmaterial wurde $Ne_2Fe_{14}B$ (N35: maximales Energieprodukt unterhalb der Magnetisierungskurve von $35 \cdot 10^{-2} \cdot \mu_0$ T^2), mit einer Flussdichte an der Oberfläche von $\Phi = 0{,}29$ T gewählt. Stärkere Ringmagneten waren in dieser Größe nicht am Markt vorgefertigt vorhanden. Die Metallplatte wurde aus Stahl 1.4105, mit einer Permeabilitätszahl von $\mu_r = 1500$ hergestellt. Dieses Material weist eine relativ hohe Magnetisierbarkeit auf und eignet sich zudem für die spanende Bearbeitung.

Schweißverbindung

Alternativ zur lösbaren Kopplung, wurden die Mikroventile materialschlüssig auf der Kanalplatte fixiert. Grundsätzlich bieten sich dafür die in Vorversuchen untersuchten Verfahren Lasertransmissionsschweißen und Ultraschallschweißen an. Für die ersten Prototypen wurde Lasertransmissionsschweißen eingesetzt, da dieses Verfahren technisch einfacher umzusetzen ist und die Anforderungen an Dichtheit und mechanische Festigkeit erfüllt. In diesem Fall wurde die Deckelplatte aus schwarzem COC hergestellt und die fluidische Kanalplatte sowie das Ventilgehäuse aus transparentem COC. Die Ventilkammer ist dabei direkt in die Deckelplatte integriert, wodurch eine Dichtebene weniger vorhanden ist.

Schweißen ist in einer industriellen Umsetzung leichter zu automatisieren und kostengünstiger als lösbare Kopplungsmethoden, da weniger Bauteile bearbeitet und montiert werden müssen. Allerdings verkürzt sich die Lebensdauer des mikrofluidischen Backplanemoduls, wenn einzelne Mikroventile ausfallen, aber nicht ausgetauscht werden können.

3.2.4 Elektronische Ventilsteuerung

Die Versorgung der Ebene der elektronischen Backplane zur Ansteuerung der Mikroventile wurde über drei Kabelstränge realisiert: (1) zur Versorgung des Mikrocontrollers (*Atmel ATmega88*) mit 8 - 12 V und einer Strombegrenzung von 40 mA Gleichstrom (DC), (2) zur Versorgung der Mikroventile mit 1,4 V und maximal 5 A DC, sowie (3) wahlweise einer *RS232-* oder *USB*-Schnittstelle zur Steuerung des Mikrocontrollers.

Die elektronische Backplane besteht aus zwei Platinen (Abbildung 3.14), da aus Platzgründen nicht alle Bauelemente auf nur einer Platine untergebracht werden konnten. Die beiden Platinen wurden über einen Stecker (*MSC Vertrieb*, *EXM32 Connector*) miteinander elektrisch verbunden. Der Stecker besteht aus elektrischen Leitern die in ein Elastomersubstrat integriert sind. Durch Verpressen des elastischen Steckers werden die beiden Platinen elektrisch miteinander kontaktiert.

- Auf der Unterseite von Platine A befinden sich vergoldete Kontaktflächen, mit denen die Ventile mittels Kontaktnadeln elektrisch verbunden werden. Durch die Vergoldung der Kontaktflächen ist sichergestellt, dass der elektrische Kontaktwiderstand gering ist und die Oberfläche gegen Korrosion geschützt ist. Auf der Oberseite der Platine befinden sich Leistungswiderstände zur Bestimmung der Steuerströme durch die FGL-Aktoren.

- Auf Platine B befinden sich der Mikrocontroller und LEDs, die den Schaltzustand der Mikroventile anzeigen. Zudem sind die Kommunikations- und Versorgungsanschlüsse auf der Platine integriert.

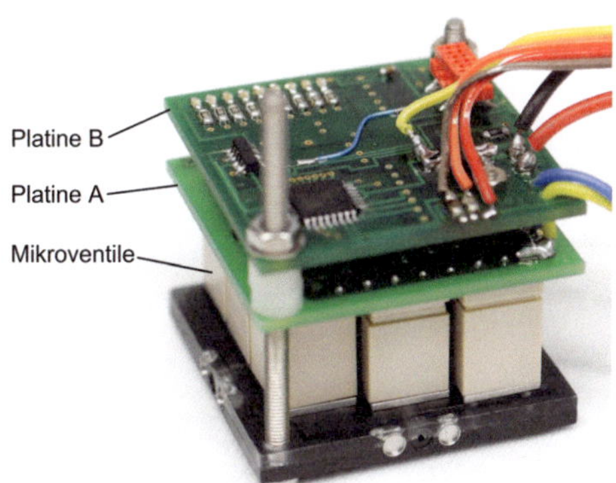

Abbildung 3.14: Foto der elektronischen Backplane zur Ventilsteuerung montiert auf der Ebene der mikrofluidischen Backplane.

3.2.5 Modulare Kopplung

In die Schnittstellen zwischen den Backplanemodulen sind fluidische Dichtelemente integriert, die mittels einer lösbaren magnetischen Kopplung verpresst werden und somit die Module fluiddicht miteinander verbinden (Abbildung 3.15).

Fluidische Kopplung

Für die fluidische Kopplung wurden entweder strukturierte Silikonmembranen oder O-Ringe aus EPDM oder NBR in die Schnittstellen integriert und beim Zusammenschalten verpresst. Die Membranen wurden mittels Laserablation oder eines mechanischen Stempels strukturiert. Laserablation wurde für die Strukturierung von Membranen mit Dicken von 0,13 und 0,25 mm genutzt. Dickere Membranen konnten mit dem vorhandenen Lasersystem nicht geschnitten werden, ohne dabei thermisch zersetzt zu werden. Zur Strukturierung dickerer Membranen wurde daher ein Stempel konstruiert, in den verschiedene Schneidewerkzeuge eingesetzt werden können.

Die für eine optimale Dichtung nötige Verpressung hängt vom Material und der Form des Dichtelements ab. Bei Auslegung der Nut ist zu berücksichtigen, dass bei geeigneter Konstruktion der Kopplung der fluidische Druck zusätzlich auf das Dichtelement wirkt, wodurch die Dichtwirkung erhöht wird. Allerdings wird bei zu geringem Spiel in der Nut eine Kraft, die der Anpresskraft entgegenwirkt, auf die Kopplung übertragen. Dieses Verhalten wurde in Versuchen an Teststrukturen mit verschiedenen Dichtelementen und Größen der dafür vorgesehenen Aussparung untersucht [Siegfarth 2010]. Dabei wurde für die O-Ringe und die Membran aus EPDM eine optimale Stauchung in Verbindungsrichtung von etwa 20 % ermittelt. Für die Silikonmembran ergaben sich etwa 30 %. Eine geringere Stauchung resultierte in einer geringeren Dichtwirkung, während eine stärkere Stauchung zu einem Spalt zwischen den Modulen führte.

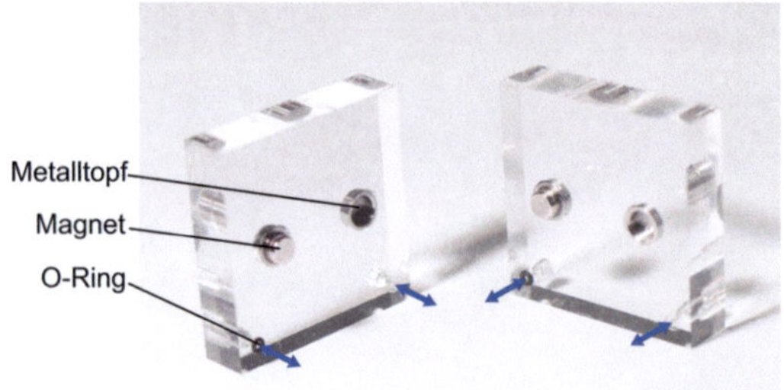

Abbildung 3.15: Foto der in ein Testmodul integrierten modularen magnetischen und fluidischen Kopplungselemente. Die fluidischen Eingänge sind mit Pfeilen markiert.

Magnetische Kopplung

Für die Herstellung der magnetischen Kopplung wurden in jede Schnittstelle zu den Nachbarmodulen zwei metallische Töpfe symmetrisch zur Verbindungsachse integriert und verklebt. In den einen wurde ein zylindrischer Permanentmagnet geklebt, der in den weichmagnetischen Topf der gegenüberliegenden Schnittstelle passt. Als Magnetmaterial wurde $Ne_2Fe_{14}B$ (N50: maximales Energieprodukt unterhalb der Magnetisierungskurve von $50 \cdot 10^{-2} \cdot \mu_0 \, T^2$), mit einer Flussdichte an der Oberfläche von 0,46 T gewählt. Der Metalltopf wurde, wie auch die Metallplatten für die lösbare Ventilkopplung, aus Stahl 1.4105 hergestellt.

3.3 Charakterisierung

An den hergestellten Prototypen wurden Messungen durchgeführt, um die entwickelte Backplane zu charakterisieren [Brammer 2012]. Zunächst wurde die mikrofluidische Backplane unabhängig von der Ebene der optischen Backplane untersucht. Gemessen wurden zur Charakterisierung des statischen fluidischen Verhaltens die Dichtheit und die Durchflussrate als Funktion des Fluiddrucks sowie für das dynamische Verhalten die Durchflussrate als Funktion der Zeit.

Die Durchflussrate von Wasser wurde mit einem fluidischen Prüfstand gemessen, in dessen fluidischen Kreislauf zwei verschiedene Durchflusssensoren integriert sind. Der Sensor *Sensirion ASL 1430* weist einen Messbereich bis 1 ml/min und eine Antwortzeit von unter 0,1 s auf. Der Sensor *Bürkert 8708* kann Durchflüsse bis 25 ml/min bei einer Antwortzeit von 0,5 s messen. Die Kombination aus den Messwerten beider Sensoren ermöglicht auch bei hohen Durchflussraten eine Abschätzung kurzer Schaltzeiten.

3.3.1 Statische Charakterisierung

Abbildung 3.16 zeigt die Ergebnisse der Durchflussmessung an einem mikrofluidischen Backplanemodul mit drei montierten FGL-Mikroventilen (NO-Variante) und sechs mechanisch schaltbaren Ersatzventilen. Gemessen wurde in Schaltstellungen, die nur durch FGL-Mikroventile führen, während die Ersatzventile zur Abdichtung der anderen Anschlüsse dienten. Der ermittelte fluidische Widerstand stieg mit der Anzahl der zwischengeschalteten FGL-Mikroventile.

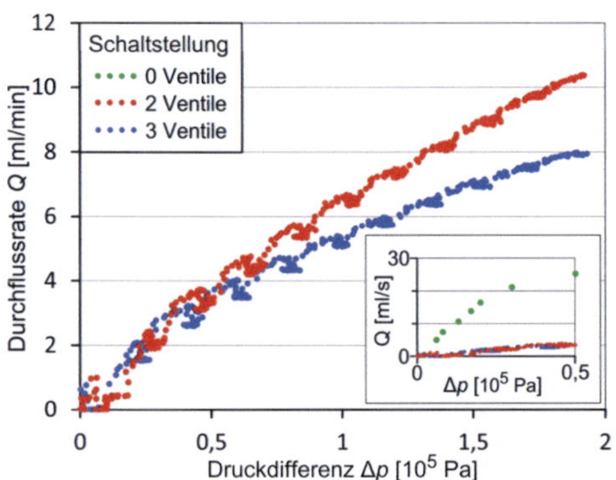

Abbildung 3.16: Durchflussrate Q von Wasser durch ein mikrofluidisches Backplanemodul als Funktion der Druckdifferenz Δp für zwei verschiedene Schaltstellungen, die durch zwei (rot) oder drei (blau) FGL-Mikroventile (NO-Variante) führen. Nebenbild: Dieselben Werte (rot, blau) im Vergleich zur Durchflusscharakteristik (grün) einer Kanalplatte mit mechanisch schaltbaren Ersatzventilen (mit einer Ventilkammerhöhe von 0,5 mm). Einzelwerte.

Referenzmessungen wurden an einer fluidischen Kanalplatte durchgeführt, auf der nur mechanisch schaltbare Ersatzventile montiert wurden, deren Ventilkammer eine Höhe von 0,5 mm aufweist (Abbildung 3.16, Nebenbild). Im Vergleich mit den Referenzmessungen bestätigen sich die Simulationsergebnisse, dass der fluidische Widerstand entscheidend durch die Höhe der Ventilkammer bestimmt wird.

Die elektronische Steuerung der FGL-Mikroventile wurde getestet, indem das Durchflussverhalten durch ein mikrofluidisches Backplanemodul für verschiedene Leistungsstufen gemessen wurde (Abbildung 3.17). Die Ergebnisse zeigen, dass im Betrieb mit NC-Ventilen die Durchflussrate für eine gegebene Druckdifferenz mit dem durchschnittlichen Steuerstrom steigt. Die Durchflussrate kann also anwendungsspezifisch im laufenden Betrieb angepasst werden. Aus den Messergebnissen ist ersichtlich, dass die Ventile erst ab einer gewissen Druckdifferenz öffnen. Dieser Wert kann durch Einstellung der Federkraft der NC-Ventile festgelegt werden.

Die Dichtheit der mikrofluidischen Backplane kann an der Durchflussrate für einen Steuerstrom von 0 A aus Abbildung 3.17 abgelesen werden. Für eine Druckdifferenz von 10^5 Pa wurde eine Durchflussrate von unter 2 % im Verhältnis zum vollständig geöffneten Ventil gemessen (unter 1 % für $0{,}5 \cdot 10^5$ Pa).

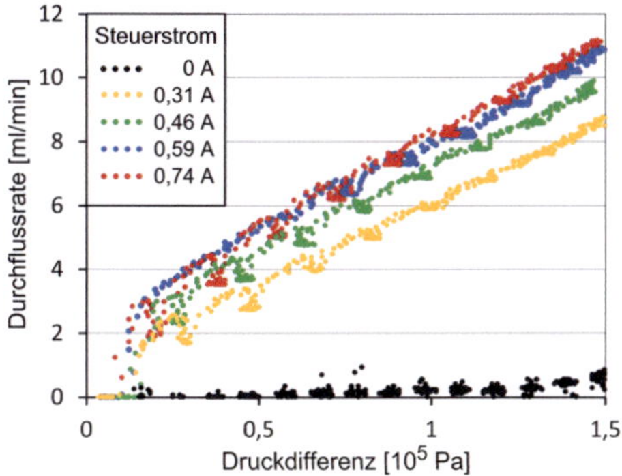

Abbildung 3.17: Durchflussrate von Wasser durch ein mikrofluidisches Backplanemodul als Funktion der am Modul angelegten Druckdifferenz für eine Schaltstellung durch zwei FGL-Mikroventile (NC-Variante), bei der eines der Ventile mit vier verschiedenen mittleren Steuerströmen betrieben wurde (bei einer Spannung von 0,59 V). Einzelwerte.

3.3.2 Dynamische Charakterisierung

Die Messergebnisse der dynamischen Charakterisierung eines mikrofluidischen Backplanemoduls mit montierten FGL-Mikroventilen (NO-Variante) sind in Abbildung 3.18 dargestellt. Mit der elektronischen Backplane wurde ein mittlerer Steuerstrom von 0,3 A und bei einer Spannung von 0,4 V eingestellt. Die Durchflussrate von Wasser wurde im Einschalt- und Ausschaltvorgang eines Ventils mit zwei Durchflusssensoren gemessen. Der Sensor *Sensirion ASL 1430* weist einen maximal messbaren Durchflussbereich bis etwa 1 ml/min auf, der andere Sensor *Bürkert 8708* konnte die maximale Durchflussrate durch das Backplanemodul von etwa 5 ml/min noch auflösen.

Mit der Definition der Schaltzeit als Übergang von 10 % auf 90 % des maximalen Signalpegels und wieder von 90 % auf 10 % ergab sich aus den Messungen mit dem *Sensirion ASL 1430* eine Schaltzeit von etwa 0,4 s. Gemessen mit dem *Bürkert 8708* wurde eine Schaltzeit von etwa 1 s ermittelt. Eine genauere Messung konnte mit den vorhandenen Messmethoden nicht durchgeführt werden. In Durchflussmessungen mit Stickstoff wurden bei einer Druckdifferenz von 10^5 Pa Schaltzeiten von unter 0,1 s ermittelt [Megnin 2012a].

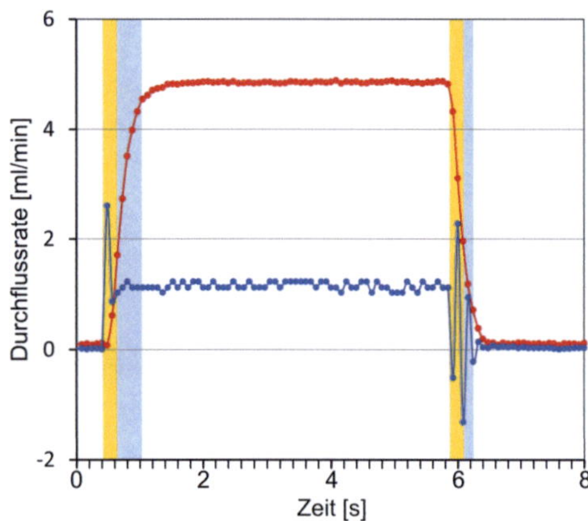

Abbildung 3.18: Gemessene Durchflussrate von Wasser durch ein Backplanemodul bestückt mit FGL-Mikroventilen (NO-Variante) als Funktion der Zeit im Einschalt- und Ausschaltvorgang, gemessen mit einem *Sensirion ASL1430* (blaue Messwerte) und einem *Bürkert 8708* (rote Messwerte). Die ermittelten Schaltzeiten ergeben sich für den *Sensirion ASL1430* aus der Summe der gelb markierten Zeitabschnitte und für den *Bürkert 8708* aus der Summe der gelb und blau markierten Abschnitte.

3.3.3 Modulare Kopplung

Die fluidische Kopplung zwischen den Backplanemodulen dient der dichten Verbindung der Fluidkanäle. Die durch die magnetische Kopplung erzeugte maximale Zugkraft zwischen zwei Backplanemodulen wurde zu 30,8 N ± 0,4 N ermittelt. Zur Charakterisierung des Anwendungsfalls wurde zudem gemessen, welchem Fluiddruck die Kopplung standhält. Hierfür wurde mittels einer pneumatischen Handpumpe, der Druck stufenweise erhöht. Die Messungen haben eine Dichtheit bis zu einem Fluiddruck von $24{,}2 \cdot 10^5$ Pa ± $1{,}6 \cdot 10^5$ Pa ergeben.

4. Optische Backplane

Die im Rahmen dieser Arbeit entwickelten Backplanemodule dienen der modularen Zusammenschaltung und Versorgung verschiedener Funktionsmodule zu einem optofluidischen Analysesystem. Neben Funktionsmodulen mit mikrofluidischen Bauelementen waren dementsprechend auch optofluidische Sensoren in das System zu integrieren, die zusätzlich zum Fluid auch mit Licht versorgt werden müssen. Für manche Anwendungen kann die Lichtquelle dabei direkt in das Funktionsmodul integriert werden. Dies ist insbesondere bei der Verwendung von kleinen Leuchtdioden (LED) oder Laserdioden möglich. In der vorliegenden Arbeit wurde hingegen für die Lichtleitung eine eigene Ebene in der Backplane entwickelt. Während das zu analysierende Fluid durch die Ebene der mikrofluidischen Backplane zugeführt wird, wird das benötigte Licht von externen oder zentralen Lichtquellen durch eine eigene darüber oder darunter gelagerte Ebene der optischen Backplane zu den optischen Sensormodulen geleitet. In der Interaktionszone der optofluidischen Funktionsmodule können dann optische Interaktionseigenschaften des Fluids, wie Brechungsindex, Transmissions- oder Reflexionskoeffizient, oder Eigenschaften der gelösten Stoffe, wie Fluoreszenz, untersucht werden.

Nachteilig an der Verwendung externer oder zentraler Lichtquellen und Zuleitung des Lichts über die Backplane ist, dass Leitungs- und Kopplungsverluste auftreten. Dieses Konzept bietet dafür aber viele Vorteile gegenüber der Verwendung kleiner lokaler integrierter Lichtquellen:

- Funktionsmodule können kompakter hergestellt werden, da weder die Lichtquelle noch ihre Stromversorgung oder Regelung integriert werden müssen.

- Als zentrale Lichtquelle kann anstelle einer LED oder einer Laserdiode ein Laser mit höherer Leistung und Stabilität eingesetzt werden.

- Die Investition in eine einzige externe Lichtquelle kann kostengünstiger sein, als wenn diese mehrfach integriert werden müsste.

- Funktionsmodule können mit Licht unterschiedlicher Wellenlänge versorgt werden, das aus beliebig vielen verschiedenen Lichtquellen stammen kann oder durch zwischengeschaltete Spektralfilter geleitet wird.

- Die Stromversorgung der Lichtquelle ist von den Funktionsmodulen entkoppelt und beeinflusst diese nicht, wie durch Wärmeentwicklung.

- Die Lichtquelle kann gewartet und ausgetauscht werden, ohne die Funktionsmodule zu öffnen.

- Die Funktionsmodule können standardisiert und unabhängig von der Lichtquelle und der genutzten Wellenlänge gefertigt werden, wenn die Sensorik durch eine Softwareansteuerung an die Quelle angepasst und kalibriert werden kann.

- In einem System mit externer Lichtquelle und einer optischen Backplane können kundenspezifisch optional jederzeit Funktionsmodule eingesetzt werden, in die eine eigene lokale Lichtquelle integriert ist.

4.1 Konstruktion

Das Konzept der Ebene der optischen Backplane sieht einen modularen Aufbau ähnlich dem der mikrofluidischen Backplane vor, bei dem Licht von einem Nachbarmodul eintreffend zu jedem anderen Nachbarmodul und zum angekoppelten Funktionsmodul geleitet werden kann. Dabei sind zwei Grundkonzepte vorstellbar:

- Im ersten Grundkonzept werden alle optischen Funktionsmodule im System gleichzeitig mit Licht versorgt, was den Vorteil bietet, dass keine aktiven Schaltelemente integriert werden müssen. Nachteilig ist, dass die von der Lichtquelle verfügbare Lichtleistung auf alle Funktionsmodule verteilt wird und daher die am einzelnen Funktionsmodul ankommende Leistung mit der Anzahl der zu versorgenden Funktionsmodule abnimmt.

- Im zweiten Grundkonzept wird zu einer gegebenen Zeit Licht aus einer Quelle immer nur an ein einziges Funktionsmodul geleitet. Der Vorteil ist, dass die Lichtleistung nur durch Leitungs- und Kopplungsverlusten, aber nicht durch Aufteilung des Lichts vermindert wird. Aus diesem Grund wurde dieses Konzept im Rahmen dieser Arbeit weiterverfolgt. Hierbei stellt jedes Backplanemodul einen Schalter dar, der Licht aus einem beliebigen Nachbarmodul zu jedem anderen Nachbarmodul lenken kann. Wenn mehrere Lichtquellen eingesetzt werden, kann Licht innerhalb des Systems gleichzeitig zu mehreren Funktionsmodulen geleitet werden. Module basierend auf dem ersten Grundkonzept lassen sich als Spezialfall aus dem zweiten Grundkonzept realisieren, wenn statt des Schalters ein fest eingeprägter Schaltweg vorgegeben ist.

Wie bei der Ebene der mikrofluidischen Backplane ist eine zweidimensionale oder eine dreidimensionale Zusammenschaltung der Module möglich. Bei einer zweidimensionalen Backplane muss jedes Backplanemodul fünf optische Anschlüsse besitzen, vier zu den Nachbarmodulen und einen zum Funktionsmodul. Die im Rahmen dieser Arbeit entwickelten Varianten der optischen Backplane basieren auf jenem Konzept.

Dieselben Module mit fünf Anschlüssen erlauben eine dreidimensionale Zusammenschaltung, wenn das Licht statt zum Funktionsmodul, zu einem zweiten darüber liegenden Backplanemodul geleitet wird. Das zweite Backplanemodul ist in diesem Fall so ausgerichtet, dass ein optischer Anschluss mit dem des ersten Moduls verbunden ist. Diese Erweiterung der zweidimensionalen Backplane erlaubt keinen universalen Ausbau in der dritten Raumrichtung, ist aber deutlich einfacher konstruiert, als Module, die in alle drei Raumrichtungen schalten können. Anders als die Konzepte der mikrofluidischen Backplane werden die im Folgenden vorgestellten Konzepte demnach weniger aufgrund der geometrischen Zusammenschaltung, als vielmehr aufgrund der integrierten Schaltelemente unterschieden.

Um die Funktionsmodule möglichst effizient mit Licht zu versorgen, sind optische Fasern mit großem Kerndurchmesser von etwa 1 mm vorteilhaft. Dies erlaubt einerseits, dass zur Einkopplung von Licht einer LED oder eines Lasers in die Faser hohe Positionstoleranzen akzeptiert werden können. Andererseits sind durch die hohen Toleranzen die optischen Kopplungen zwischen den Modulen technisch einfacher und mit höherer Kopplungseffizienz zu realisieren, als dies mit dünnen Fasern oder Lichtwellenleitern möglich wäre. Dies erfordert allerdings, dass geeignete Schaltkonzepte entwickelt werden, die für diese Dimensionen ausgelegt werden können. Dafür bieten sich insbesondere opto-mechanische Schaltkonzepte an.

Im Rahmen dieser Arbeit wurden drei verschiedene Schaltkonzepte entwickelt. Die optischen Elemente der umgesetzten Prototypen wurden auf Basis von Simulationsergebnissen ausgelegt. Zudem wurde eine Elektronik zur Steuerung der optischen Schalter und optische Kopplungen zur Verbindung der Backplanemodule entwickelt.

4.1.1 Optische Schaltkonzepte

Im Rahmen dieser Arbeit wurden opto-mechanische Schalter entwickelt, die skalierbar sind und an die Dimensionen des Systems angepasst werden können. Die einfachsten Varianten basieren auf Spiegeln, die entweder direkt bewegt oder mittels eines Aktors in den Strahlengang geführt werden.

Tabelle 4.1: Wertender Vergleich verschiedener opto-mechanischer Schaltkonzepte zwischen fünf senkrecht zueinander ausgerichteten optischen Fasern. Schaltkonzepte A1, A2, C1 und C2 sind als Aufsicht dargestellt, B1 und B2 als Querschnitt sowie A3 als 3D-Ansicht. Die angegebene Größe bezieht sich auf die Abstände zwischen den optischen Fasern, beinhaltet also den Schalter, Aktor und gegebenenfalls nötige Linsen. Die Effizienz der Systeme wurden für Schaltkonzepte A1, A2, A3, B1 und B2 strahlenoptisch in *ZEMAX* simuliert und für C1 und C2 abgeschätzt. Die Schaltzeit wurde aus Werten der Datenblätter der Aktoren abgechätzt. Der Preis gibt die Summe aus Fertigungsaufwand und Einkaufskosten eines Schalters bei der Fertigung von 10 oder 1000 Stück an und aus Angeboten der Einzelposten abgeschätzt. Der Aufwand für die Montage berücksichtigt die manuelle Bearbeitungszeit und schätzt den Aufwand einer automatisierten Fertigung ab. Der Aufwand für die Elektronik ist für B1 und B2 zwar vergleichsweise hoch, allerdings direkt vom Hersteller des MEMS-Spiegels erhältlich. Die Bewertungen sind mit den Zeichen + (für gute Bewertung), - (für schlechte Bewertung) und • (für mittlere Bewertung) symbolisiert.

		Bezeichnung	Größe [mm³]	Effizienz	Schaltzeit	Preis [EUR]	Aufwand Montage	Aufwand Elektronik
Lineaktoren	A1	Linear angetriebener Schalter (3 Aktoren)	6 x 12 x 12 +	hoch +	< 1 s •	300 - 900 −	hoch −	gering +
Lineaktoren	A2	Linear angetriebener Schalter (horizontal)	8 x 30 x 30 −	hoch +	1,5 s −	300 - 550 +	hoch −	gering +
Lineaktoren	A3	Linear angetriebener Schalter (vertikal)	40 x 18 x 18 −	hoch +	1 s −	250 - 500 +	hoch −	gering +
MEMS-Spiegel	B1	MEMS-Spiegel Schalter mit fixem Ablenkspiegel	16 x 16 x 16 •	mittel •	30 ms +	150 - 900 •	gering +	mittel (gering) • (+)
MEMS-Spiegel	B2	MEMS-Spiegel Schalter mit gebogener Faser	36 x 36 x 36 −	gering −	30 ms +	150 - 900 •	mittel •	hoch (gering) − (+)
Rotationsaktoren	C1	Rotierendes Prisma	10 x 16 x 16 +	mittel •	< 1 s •	250 - 600 •	gering +	hoch −
Rotationsaktoren	C2	Rotierende Lichtwellenleiter	10 x 20 x 20 (10 x 36 x 36) • (−)	gering (hoch) − (+)	< 1 s •	200 - 600 •	gering +	hoch −

Tabelle 4.1 vergleicht verschiedene mögliche Konzepte zur Schaltung von Licht zwischen fünf optische Fasern, die rechtwinklig zueinander ausgerichtet sind, vier davon in einer Ebene und eine senkrecht dazu. Diese Schaltkonzepte wurden vor der Realisierung anhand verschiedener Kategorien evaluiert. Die in der Tabelle aufgeführten Konzepte können hinsichtlich ihrer Aktorik in drei Kategorien aufgeteilt werden: Schaltkonzepte A1, A2 und A3 basieren auf Linearaktoren, die Spiegelelemente in den Strahlengang führen, Schaltkonzepte B1 und B2 nutzen zweiachsig ablenkbare MEMS-Spiegel, und Schaltkonzepte C1 und C2 sind aus drehbaren optischen Elementen aufgebaut.

- Die Schaltkonzepte der Kategorie A nutzen Prismen und eine Pyramide als Spiegelelemente. Sie haben gemein, dass die Schaltzeiten aufgrund der mechanischen Bewegung im Sekundenbereich liegen, das Licht je Schaltstellung aber höchstens an einer Spiegelfläche reflektiert wird. Daraus ergeben sich geringe Verluste. Da Spiegel gewählt werden können, deren Fläche größer ist als die Querschnittsfläche des Lichtbündels, wenn es aus der Faser durch Linsen fokussiert wird, lässt sich eine hohe Kopplungseffizienz erwarten.

Für die Umsetzung linear angetriebener Spiegelelemente bieten sich prinzipiell drei Konzepte an. Nach Schaltkonzept A1 kann jedes der drei Spiegelelemente mittels eines eigenen Aktors in einem Winkel von 45° in die optische Achse der Fasern gefahren werden. Das hat den Vorteil eines einfachen Aktorprinzips mit einer Positionierung, die durch Anschläge realisiert werden kann. Nachteilig ist, dass für jedes Spiegelelement ein Aktor benötigt wird. Nach Schaltkonzept A2 sind die Spiegelelemente hintereinander auf einer beweglichen Weiche montiert, die horizontal ebenfalls in einem Winkel von 45° zu den Fasern geführt wird. Dieser Aufbau benötigt zwar nur einen Aktor, aber einen längeren Verfahrweg. Nach Schaltkonzept A3 sind die Spiegelelemente übereinander angeordnet und werden vertikal in das Kreuzungszentrum der Fasern bewegt, so dass ebenfalls nur ein Aktor nötig ist. Dieses Bauelement ist zwar größer als das horizontal betriebene, weist aber kürzere Verfahrwege zwischen den Schaltpositionen und somit auch kürzere Schaltzeiten auf. Wegen dieser Vorteile wurde in dieser Arbeit das Schaltkonzept A3 weiter entwickelt und als Prototyp umgesetzt.

- Die Schaltkonzepte der Kategorie B basieren auf steuerbaren, um zwei Achsen ablenkbaren MEMS-Spiegeln mit denen Licht innerhalb eines definierten Winkelbereichs, zwischen verschiedenen Richtungen geschaltet werden kann. Der Einsatz eines MEMS-Spiegels lässt kurze Schaltzeiten unterhalb von 30 ms zu. Nachteilig ist, dass derzeit erhältliche MEMS-Spiegel nur einen geringen

Winkelbereich von maximal ± 10° abdecken und die optischen Elemente daher in einem vergleichsweise großen Abstand positioniert werden müssen. Je größer die Abstände sind, desto stärker wirken sich Fertigungstoleranzen aus und desto höher sind die zu erwartenden Kopplungsverluste. Zur Kollimierung des Lichts werden wie in Kategorie A wegen der benötigten Abstände Linsen benötigt.

Um Licht aus den Fasern schräg auf den MEMS-Spiegel zu lenken, kann nach Schaltkonzept B1 ein Pyramidenspiegel dienen. Alternativ dazu können nach Schaltkonzept B2 die vier horizontalen Fasern gebogen werden. Nachteilig ist hierbei, dass dünne und somit flexible optische Fasern eingesetzt werden müssen. Die Fasern mit geringem Durchmesser sind anfälliger für Positionstoleranzen, wodurch höhere Verluste sowohl im Schalter, als auch bei der Kopplung zu Nachbarmodulen auftreten können. Im Rahmen dieser Arbeit wurden beide Konzepte umgesetzt und getestet.

- Die Schaltkonzepte der Kategorie C basieren auf rotatorischen Aktoren, die ein optisches Element positionieren. Da im Vergleich zu Kategorie A kein Lineargetriebe benötigt wird, kann der Schalter kompakter aufgebaut werden. Nachteilig ist hingegen die hohe Anforderung an die Positionsgenauigkeit.

Zur Schaltung des Lichts können hierbei verschiedene optische Elemente eingesetzt werden. Schaltkonzept C1 basiert auf einem trapezförmigen Prisma, das abhängig von der Schaltposition Licht entweder durch Totalreflexion horizontal ablenkt oder transmittiert. Wenn mindestens eine Ecke angeschrägt ist, kann das Licht auch vertikal abgelenkt werden. Der Vorteil dieser Konstruktion ist die mögliche kleine Baugröße des Prismas und der Aktorik, da kein Lineargetriebe benötigt wird. Allerdings ist die Anforderung an die Positionsgenauigkeit hoch. Zudem ist die Fertigung des Prismas aufwendig, könnte aber durch einen Abformprozess in hohen Stückzahlen kostengünstig hergestellt werden. Ein alternatives optisches Element besteht nach Schaltkonzept C2 aus integrierten Lichtwellenleitern oder optischen Fasern, die Licht in verschiedene Richtungen leiten können. Vorteilhaft ist hierbei der kurze Freistrahlweg, so dass auf Linsen zur Fokussierung verzichtet werden kann.

Neben den hier aufgeführten Konzepten, lassen sich noch weitere opto-mechanische Schalter entwickeln, um das Licht entsprechend den Anforderungen zu schalten. Allerdings sind dafür mitunter komplexe mehrachsige Aktoren oder Reflexionen an mehreren Spiegelflächen nötig. Im Rahmen dieser Arbeit wurden die Schaltkonzepte A3, B1 und B2 hergestellt und evaluiert.

Linear angetriebener Schalter

Nach Schaltkonzept A3, das hier umgesetzt wurde, sind in dem Backplanemodul fünf optische Fasern rechtwinklig zueinander ausgerichtet, wobei vier davon in einer Ebene liegen und die fünfte, die den optischen Anschluss zum Funktionsmodul herstellt, senkrecht dazu angeordnet ist. Über die vertikal verschiebbare Spiegelgruppe kann Licht im Kreuzungspunkt der Fasern, aus jeder Richtung kommend, nach links, rechts oder oben abgelenkt oder durchgelassen werden. Das Licht koppelt dabei aus einer der vier horizontal angeordneten Fasern aus, wird in einer Linse fokussiert, im Kreuzungspunkt am Spiegel reflektiert oder transmittiert, und anschließend durch eine weitere Linse auf die angesteuerte Faserstirnfläche fokussiert und dort eingekoppelt. Die Linsen wurden eingesetzt, um das aus den Fasern divergent abgestrahlte Licht zu bündeln und somit die Kopplungseffizienz zu erhöhen.

Die horizontale Lichtablenkung wird durch zwei doppelseitige Spiegel erreicht, die jeweils in einem Winkel von 45° zu den Fasern stehen und mittels einer geeigneten Linearaktorik in die gewünschte Schaltstellung positioniert werden (Abbildung 4.1) [Brammer 2010]. Die doppelseitigen Spiegel wurden hierfür aus je zwei rechtwinkligen, gleichschenkligen Prismen aufgebaut, die auf den aneinanderliegenden Hypotenusenflächen verspiegelt sind und eine Größe von $2 \times 2 \times 2$ mm^3 aufweisen.

Bei der Schaltstellung für den geraden Lichtdurchlass durchläuft das Licht einen transparenten Würfel mit den Abmaßen von zwei miteinander verkitteten Prismen. An den Oberflächen des Würfels entstehen zwar Reflexionsverluste, aber die optische Weglänge entspricht derjenigen der Prismenspiegel, bei der das Licht ebenfalls durch Glas geleitet wird, so dass die optimalen Linsenparameter und Abstände zwischen Fasern, Linsen und Spiegel für beide Schaltstellungen gleich sind.

Die vertikale Lichtablenkung in Richtung des Funktionsmoduls (oder gegebenenfalls einer zweiten Ebene der optischen Backplane) wird durch eine verspiegelte Pyramide mit einer Größe von $2 \times 2 \times 1$ mm^3 realisiert.

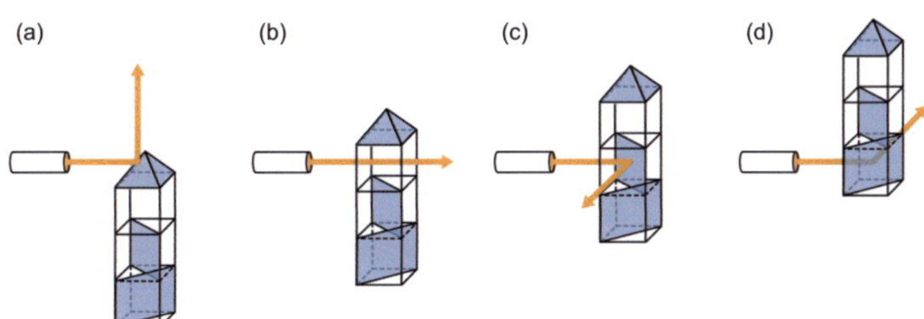

Abbildung 4.1: Linear angetriebener Schalter. (a-d) Schema der Schaltstellungen.

Die Spiegelelemente sind übereinander fest verbunden und werden mittels einer Linearaktorik vertikal bewegt. Zwei mechanische Anschläge unterstützen die exakte Positionierung. Der erste verhindert, dass der Spiegelträger vom Linearaktor getrennt wird. Der zweite stellt eine genaue Positionierung des Pyramidenspiegels sicher, um das Licht effizient in das darüber montierte Funktionsmodul einkoppeln zu können. Die genaue Positionierung ist zum einen von Bedeutung, da die Spiegelfläche der Pyramide kleiner ist als die der Prismen. Zum anderen resultiert ein Versatz der Spiegelfläche in vertikaler Richtung gleichermaßen in einem Versatz in horizontaler Richtung, so dass weniger Licht in die senkrecht nach oben führende Faser einkoppelt (Abbildung 4.2). Die unterste Schaltstellung dient also der Auskopplung in die vertikale Richtung und nicht in die jeweils gegenüberliegende Faser.

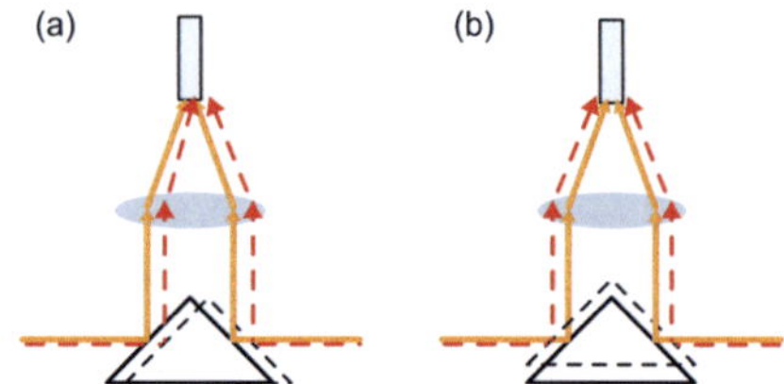

Abbildung 4.2: Auswirkung von Fertigungstoleranzen auf Versatz im linear angetriebenen Schalter für vertikale Lichtablenkung an der verspiegelten Pyramide. (a) Radialer Versatz, (b) axialer Versatz.

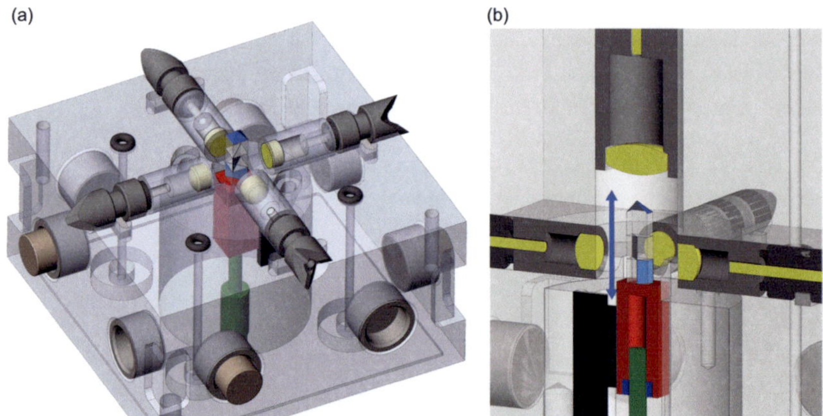

Abbildung 4.3: CAD-Modell des optischen Backplanemoduls auf Basis des linear angetriebenen Schalters. Die Spiegelflächen sind blau markiert, Linsen und Fasern gelb, der Motor grün, der Träger rot und das Linearlager schwarz. (a) Gesamtansicht des Moduls ohne oberes Gehäuse zur Auskopplung in die vertikale Richtung. (b) Schnittansicht des Schalters.

Die Spiegelgruppe ist auf einem Träger montiert, der durch ein Linearkugellager gelagert ist (Abbildung 4.3). Für die Linearaktorik wurden ein Mikromotor und ein angeschlossenes Lineargetriebe mit Spindel eingesetzt. Die Rotationsbewegung des Motors wird über das Gewinde der Spindel und das entsprechende Gegengewinde einer im Spiegelträger eingesetzten Mutter in eine vertikale Linearbewegung des Spiegelträgers und Spiegelaufbaus übertragen. Der maximal benötigte Hub des Spiegelaufbaus ergibt sich aus dem Abstand zwischen der Mitte des unteren Prismas und der Pyramidenspitze und beträgt 6 mm.

Die genaue Ausrichtung und der genaue Abstand der optischen Faser und der Linse wird durch einen Faser- und Linsenhalter sichergestellt (Abbildung 4.4), der in das Gehäuse der optischen Backplane eingebaut ist.

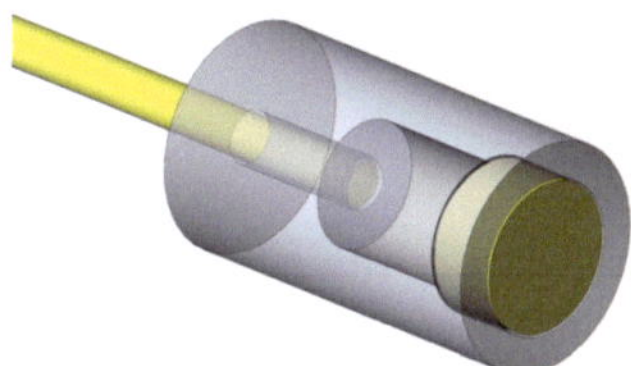

Abbildung 4.4: CAD-Modell des optischen Faser- und Linsenhalters.

Ein Vorteil dieses Konzepts ist die relativ geringe Anforderung an die Genauigkeit der Positionierung des Spiegelaufbaus, da Spiegel gewählt werden können, deren Fläche größer ist als die Querschnittsfläche des Lichtbündels. Dadurch kann eine einfache Steuerung des Motors ohne Positionssensor eingesetzt werden. Die Positionen können hierbei über die Zeit und Leistung, mit der der Motor betrieben wird, eingestellt werden. Zudem ist die minimale Strecke des Strahlengangs zwischen Linse und Spiegel mit 4 mm verhältnismäßig kurz, so dass geringe Verluste zu erwarten sind. Zudem funktioniert dieses Konzept mit verschiedenen optischen Fasern, wobei nur die Linsen und die Abstände zwischen den Bauelementen angepasst werden müssen.

Nachteilig sind die hohe Anzahl an benötigten Montageschritten und die durch die Motorbewegung bedingten relativ langen Schaltzeiten. Zudem lässt sich dieses Konzept nur mit viel Aufwand noch kompakter als in der vorliegenden Form konstruieren, da die Montage der Spiegelelemente zunehmend aufwendiger würde. Außerdem bietet sich dieses Konzept nur für eine zweidimensionale Zusammenschaltung der Module an, da das Licht nur von den vier horizontalen Fasern besonders effizient zu allen anderen Fasern geschaltet werden kann.

MEMS-Spiegel Schalter mit fixem Ablenkspiegel

Das Schaltkonzept B1 basiert auf einem steuerbaren MEMS-Spiegel, der das Licht innerhalb eines definierten Winkelbereichs ablenken kann. Das Licht trifft von oben unter einem Winkel von $2 \cdot \varphi$ abweichend von der Vertikalen auf den waagerechten MEMS-Spiegel (Abbildung 4.5). Für die Schaltung des Lichts in die gegenüberliegende Richtung, entsprechend dem Winkel von $-2 \cdot \varphi$, wird der MEMS-Spiegel in der horizontalen Ruheposition gehalten. Zur Schaltung in die vertikale Richtung wird der Spiegel um φ ausgelenkt, zur Schaltung in eine der seitlichen Richtungen wird der Spiegel ausgelenkt um

$$\beta = \arccos \frac{\cos \alpha_1 + \cos \alpha_2}{\sqrt{2 + 2 \cos \alpha_1 \cos \alpha_2}}$$
$$= \arccos \frac{2 \cos 2\varphi}{\sqrt{2 + 2 \cos^2 2\varphi}} \quad , \quad \alpha_1 = \alpha_2 = 2\varphi \qquad \text{(Gleichung 4.1)}$$

mit den in Abbildung 4.5 angegebenen geometrischen Abhängigkeiten. Für einen Einfallswinkel von hier $\alpha_1 = 10°$ ergibt sich eine mechanische Auslenkung von 7,11°. Je größer der maximale Auslenkwinkel des Spiegels ist, desto näher können die optischen Elemente, wie Fasern und Linsen, an den Spiegel positioniert werden.

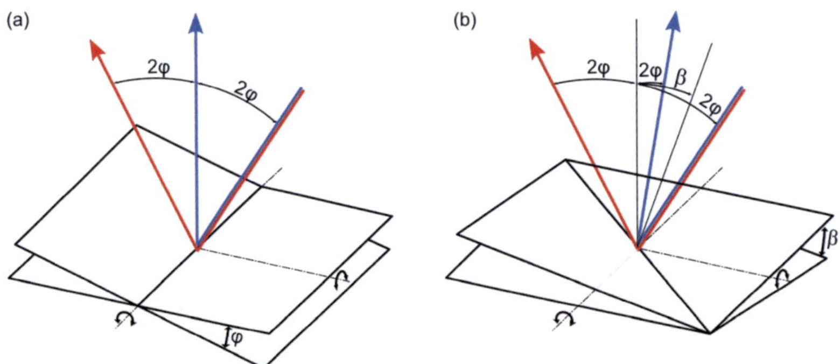

Abbildung 4.5: Optischer MEMS-Spiegel Schalter. (a, b) Schemata der Schaltpositionen

Die hier eingesetzte MEMS-Spiegel (*Sercalo Microtechnology*) wird elektrostatisch ausgelenkt. Die mitgelieferte Elektronik erlaubt die Steuerung der Elektrodenspannungen und somit eine Einstellung eines stabilen Auslenkwinkels in einem Raster von 1024×1024 innerhalb der maximal möglichen $\varphi = 5°$. Daraus ergibt sich eine Winkelgenauigkeit des optischen Ablenkwinkels von etwa $\Delta\varphi = 0,01°$. Dies erlaubt durch Anpassung der Winkel Fertigungstoleranzen auszugleichen.

Das Licht trifft senkrecht oder in einem Winkel von $2 \cdot \varphi$ auf den Spiegel. Die Faserkopplungen am Rand der Backplanemodule sind allerdings horizontal ausgerichtet, um die Fasern bei der Zusammenschaltung der Module mittels einer Stirnkopplung miteinander zu verbinden. Um das Licht aus den horizontal liegenden Fasern über den MEMS-Spiegel zu einer anderen Faser zu koppeln, kann eine Umlenkung über fixe Spiegel genutzt werden. In der umgesetzten Ausführung wurde dafür ein Pyramidenspiegel eingesetzt, der das Licht aus der horizontalen Ebene auf den Spiegel und wieder zurück lenkt (Abbildung 4.6).

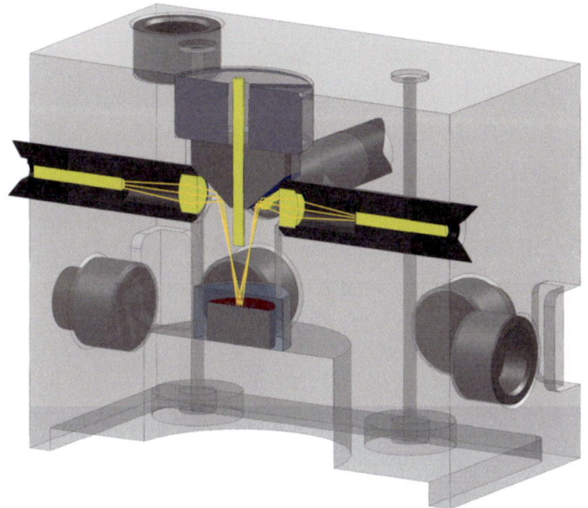

Abbildung 4.6: CAD-Modell des optischen Backplanemoduls auf der Basis des MEMS-Spiegel Schalters mit fixem Ablenkspiegel. Lichtstrahlen, die aus einer Faser (gelb) über die Ablenkspiegel und den MEMS-Spiegel (rot) in die gegenüberliegende Faser einkoppeln, sind beispielhaft mit gelben Linien dargestellt.

Zur Fokussierung des Lichts wurden, wie beim linear angetriebenen Schalter, Linsen vor die optischen Fasern gesetzt. Nur für die vertikale Auskopplung zum Funktionsmodul ist keine Linse vorgesehen, da dafür konstruktionsbedingt kein Raum vorhanden ist. Stattdessen wurde die Faser so nah wie möglich an den MEMS-Spiegel herangeführt, ohne den Strahlengang des Lichts zu verdecken.

Diese Variante des MEMS-Spiegel Schalters hat den Vorteil, dass die gleiche Halterung für Fasern und Linsen wie bei der optischen Backplane mit linear angetriebenem Schalter eingesetzt werden kann. Daher ist auch in diesem Fall die Wahl der optischen Fasern frei. Nachteilig sind die durch die zusätzlichen Reflexionen auftretenden Verluste. Des Weiteren ist die optische Weglänge zwischen den Fasern vergleichsweise lang. Je kleiner der mechanische Auslenkwinkel des MEMS-Spiegels ist, desto größer ist die Weglänge, wodurch sich schließlich Fertigungstoleranzen stärker auf Verluste auswirken. Für einen MEMS-Spiegel mit einer mechanischen Auslenkung von $\pm\,5°$ ist die minimale Strecke des Strahlengangs zwischen Linse und Spiegel $l_{B1} = 11$ mm. Bei einer Weiterentwicklung der MEMS-Spiegel zu einer Auslenkung von $\pm\,10°$ ergäbe sich eine minimale Strecke von $l_{B1'} = 6{,}5$ mm. Zum einen könnte der Schalter dadurch kompakter aufgebaut werden und zum anderen wäre eine höhere Kopplungseffizienz zu erwarten.

MEMS-Spiegel Schalter mit gebogenen Fasern

Mit dem Schaltkonzept B2 wurde eine zweite Variante der optischen Backplane mit MEMS-Spiegel entwickelt. Die Position und Ausrichtung des MEMS-Spiegels und der Schnittstellen in der Modulwand sind dieselben wie im Schaltkonzept B1, es gibt aber kein zusätzliches Spiegelelement zur Strahlablenkung. Stattdessen sind die vier Fasern, die von den Schnittstellen zu den Nachbarmodulen kommen, so nach unten gebogen, dass sie am Ende auf den Spiegel gerichtet sind (Abbildung 4.8). Der für die Linsen zur Verfügung stehende Raum ist wegen des geringen Auslenkwinkels des MEMS Spiegels beschränkt. Um den Abstand zwischen Fasern und Spiegel möglichst klein zu halten, wurden die fünf Linsen in ein einziges optisches Bauteil strukturiert.

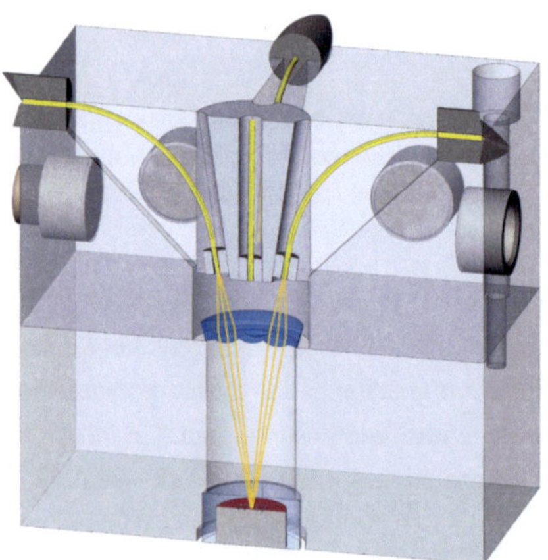

Abbildung 4.7: CAD-Modell des optischen Backplanemoduls auf Basis des MEMS-Spiegel Schalters mit gebogenen Fasern. Das Linsenelement ist blau dargestellt.

Vorteilhaft ist bei dieser Variante, dass zur Kopplung zwischen zwei Fasern nur eine einzige Reflexion nötig ist. Es ergeben sich aber andere Verluste. Für eine kompakte

82

Modulbauform sind Biegeradien von kleiner als 14 mm nötig. Durch solche Biegeradien entstehen signifikante Biegeverluste in den Fasern. Nur dünne flexible Fasern können so stark gebogen werden, ohne mechanisch geschädigt zu werden. Für die Faser mit kleinerem Kerndurchmesser als den in der vorliegenden Arbeit verwendeten 0,2 mm, wirkt sich nach Gleichungen 2.21 und 2.22 ein durch Fertigungstoleranzen auftretender Versatz verstärkt in Kopplungsverlusten aus. Nachteilig ist außerdem, dass die Summe des von den Einzelkomponenten benötigten Bauraums zwar vergleichbar mit der ersten Variante des MEMS-Spiegel Schalters ist, aber die Gesamtgröße wegen der Biegeradien der Fasern deutlich größer ausfällt. Zudem ist wie bei der vorherigen Variante die Strecke des Strahlengangs zwischen Faser und Spiegel vergleichsweise lang. Diese liegt für eine maximale mechanische Auslenkung des MEMS-Spiegels um $\varphi_{B2} = 5°$ bei $l_{B2} = 10$ mm und läge für $\varphi_{B2'} = 10°$ bei $l_{B2'} = 6$ mm.

4.1.2 Simulation und Auslegung

Die Strahlengänge in den entwickelten optischen Schaltern lassen sich mit Hilfe linearer Transformationen der Strahlenoptik berechnen. Da die in dieser Arbeit eingesetzten optischen Fasern aber nicht als Punktquellen angesehen werden können, ist die manuelle Berechnung aufwendig und wurde durch eine rechnergestützte Simulation in *ZEMAX* durchgeführt. Die Simulation basiert auf der Berechnung der Strahlengänge einzelner Lichtstrahlen, die an Grenzflächen zwischen optischen Elementen reflektiert, gebrochen oder absorbiert werden. Die Effizienz des optischen Systems wurde aus dem Verhältnis der insgesamt aus der Lichtquelle austretenden Strahlen zu der am Detektor ankommenden Strahlen ermittelt. Auf Basis der Simulationsergebnisse wurden die optischen Elemente und deren geometrischen Positionen so optimiert, dass eine möglichst hohe Kopplungseffizienz erreicht wurde.

In der Simulation wurden die folgenden Parameter variiert: (1) Numerische Apertur und Kerndurchmesser der optischen Fasern, (2) Durchmesser, Krümmungsradien und Brechungsindizes der Linsen sowie (3) die Abstände zwischen Fasern, Linsen und Spiegeln. Neben einer möglichst hohen Kopplungseffizienz waren die Auswahlkriterien eine günstige Fertigung und Montage der Elemente sowie eine kompakte Bauweise. Die Parameter der Fasern und Linsen wurden für zwei umgesetzte Varianten so gewählt, dass sie möglichst kostengünstig als Standardkomponenten erhältlich sind. In der dritten Variante, dem MEMS-Spiegel Schalter mit gebogenen Fasern, wurden Linsen aus PMMA geprägt, so dass deren Dimensionen individuell angepasst werden konnten.

Für die Lichtleitung wurden Polymerfasern mit Kerndurchmessern von 0,2 mm und 0,98 mm eingesetzt. Für die Stufenindexfaser mit einem Kerndurchmesser von 0,98 mm und einer Numerischen Apertur von 0,25 sind bei einer Wellenlänge von 650 nm nach Gleichung 2.20 folglich etwa $7 \cdot 10^5$ Moden ausbreitungsfähig, für eine Gradientenindexfaser mit einem Kerndurchmesser von 0,2 mm und einer Numerischen Apertur von 0,18 etwa 7600 Moden. Aufgrund der hohen Anzahl an ausbreitungsfähigen Moden kann angenommen werden, dass das am Eingang eingekoppelte Modenprofil dem am Faserausgang ankommenden Modenprofil entspricht [Ziemann 2007]. Die durchgeführten Simulationen zur Auslegung der optischen Backplane wurden unter dieser Annahme durchgeführt.

Die gesamten Verluste innerhalb eines Backplanemoduls setzen sich aus (1) den Leitungsverlusten durch zwei etwa 10 mm lange Faserabschnitte beziehungsweise zwei 20 mm lange, gebogene Abschnitte für Schaltkonzept B2, (2) den Kopplungsverlusten zum Nachbarmodul und (3) den Kopplungsverlusten im optischen Schalter zusammen. Auf der Basis der Werte der Datenblätter der eingesetzten Fasern (*LEONI P980/1000 lowNA* und *Chromis MEDPOF200*) wurden folgende Verluste berechnet.

- Unter Annahme einer unbeschädigten Faser ergeben sich für die Faser mit einem Kerndurchmesser von 0,98 mm und einem Dämpfungsbelag von 160 dB/km Leitungsverluste von $3,2 \cdot 10^{-4}$ dB ($7,4 \cdot 10^{-3}$ %), und können daher vernachlässigt werden. Beim Schaltkonzept B2 treten in der Faser mit einem Kerndurchmesser von 0,2 mm und einem Dämpfungsbelag von 80 dB/km die gleichen zu vernachlässigenden Leitungsverluste von $3,2 \cdot 10^{-4}$ dB ($7,4 \cdot 10^{-3}$ %) auf. Zusätzlich treten hier aber signifikante Biegeverluste auf, die auf etwa 1,6 dB (30,8 %) abgeschätzt werden können.

- Die Kopplungsverluste zum Nachbarmodul können in Annahme einer perfekt glatten Oberfläche und einem durch die Fertigungstechnologie vorgegebenen maximalen radialen und axialen Versatz von je ± 0,05 mm nach Abbildung 2.3 auf etwa 0,3 dB abgeschätzt werden. Hinzu kommen durch Oberflächendefekte hervorgerufene Verluste, die mittels manuellen Schleifens und Polierens auf etwa 0,3 dB begrenzt werden können [Ziemann 2007]. Die Kopplungsverluste zum Nachbarmodul belaufen sich damit auf insgesamt 0,6 dB (13 %). Durch den Einsatz von Brechungsindexgel können diese Verluste weiter reduziert werden.

Zur Auslegung der optischen Schalter wurden die Kopplungseffizienzen der unterschiedlichen Schaltstellungen in Abhängigkeit verschiedener Parameter simuliert und so iterativ optimiert. Die simulierte Kopplungseffizienz der hier umgesetzten Varianten des optischen Schalters ist beispielhaft für ausgewählte Parameter in

Abbildung 4.8 dargestellt. Die in weiß markierten ausgewählten Parameter zeigen, dass nicht immer die für die jeweilige Schaltstellung optimale Geometrie ausgewählt werden konnte. So vergrößert sich beispielsweise für den linear angetriebenen Schalter die simulierte Effizienz zur vertikalen Kopplung bei einem größeren Abstand zwischen der unteren Linse und der Pyramide (Abbildung 4.8c). Allerdings sinkt in diesem Fall die Effizienz zur horizontalen Kopplung (Abbildungen 4.8a, 4.8b).

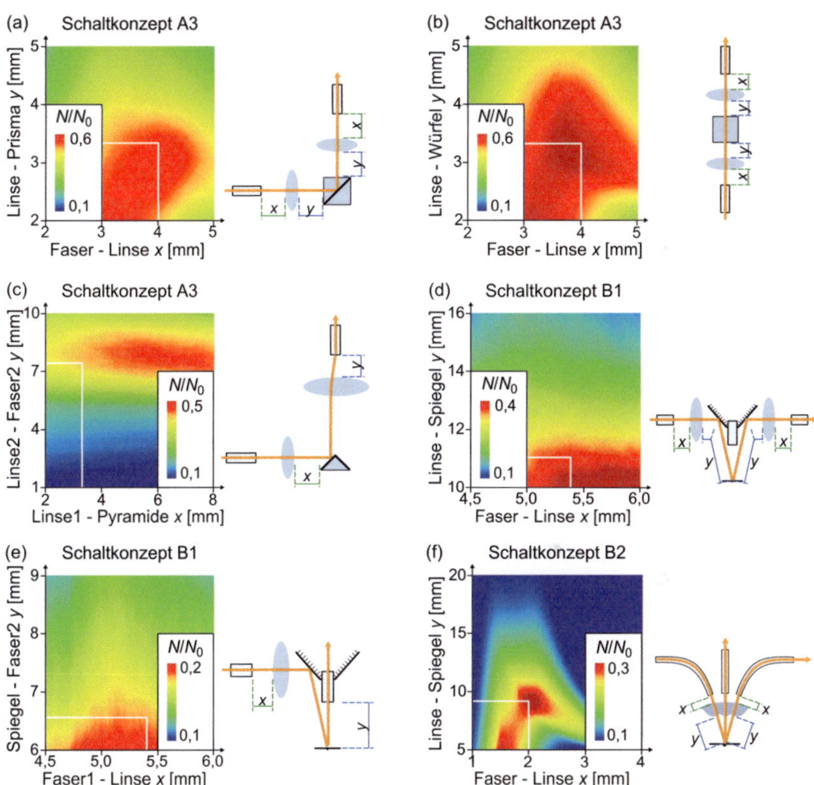

Abbildung 4.8: Simulierte Kopplungseffizienz als Funktion der in den Nebenbildern dargestellten geometrischen Parameter in Farbskala. Die für die Prototypen gewählten Parameter sind mit weißen Strichen markiert. Reflexions- und Biegeverluste sind berücksichtigt. (a) Linear angetriebener Schalter in Position für horizontale Kopplung über den Prismenspiegel. (b) Linear angetriebener Schalter in Position für horizontale Kopplung über den transparenten Würfel. (c) Linear angetriebener Schalter in Position für vertikale Kopplung über den Pyramidenspiegel. (d) MEMS-Spiegel Schalter mit fixem Ablenkspiegel in Position für horizontale Kopplung. (e) MEMS-Spiegel Schalter mit fixem Ablenkspiegel in Position für vertikale Kopplung. (f) MEMS-Spiegel Schalter mit gebogenen Fasern für horizontale und vertikale Kopplung. Einzelwerte.

Beim MEMS-Spiegel Schalter mit fixem Ablenkspiegel steigt die simulierte Effizienz zur vertikalen Kopplung mit sinkendem Abstand zwischen oberer Faser und Spiegel. Die Faser muss allerdings mindestens einen Abstand von 6,5 mm einhalten, um nicht die optische Wegstrecke der aus den anderen Fasern austretenden Lichtstrahlen zu verdecken (und die 1. Fresnelzone nach Gleichung 2.25 von etwa $d_{FZ} = 0{,}12$ mm).

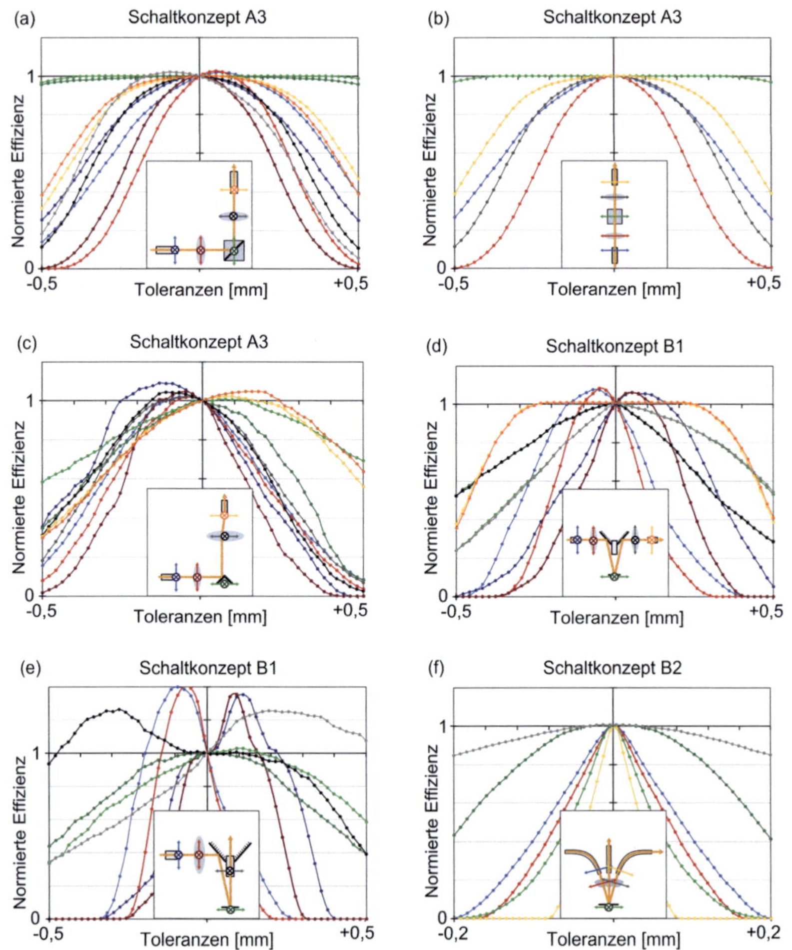

Abbildung 4.9: Normierte simulierte Kopplungseffizienz als Funktion der in den Nebenbildern dargestellten Positionstoleranzen der einzelnen optischen Elemente. Die Toleranzen in der Zeichnungsebene wurden als Pfeile und die Toleranzen senkrecht zur Zeichnungsebene als Kreuz dargestellt. (a-f) entsprechend Abbildung 4.8. Einzelwerte.

In Abbildung 4.9 ist die Abhängigkeit der Kopplungseffizienz von den Toleranzen für die verschiedenen Schaltungskonzepte dargestellt. Aus den Simulationsergebnissen ist ersichtlich, dass für unidirektionale Kopplung einige Parameter nicht optimal gewählt wurden. Dies liegt zum einen daran, dass Dimensionen zur horizontalen und vertikalen Kopplung voneinander abhängen, und zum anderen, dass die Schalter für eine symmetrische, bidirektionale horizontale Lichtleitung optimiert wurden. Für die Variante mit MEMS-Spiegel und gebogenen Fasern zeigt sich wegen der kleinen Kerndurchmesser die stärkste Abhängigkeit von den Toleranzen (daher ist in Abbildung 4.9f als Toleranz ± 0,2 statt ± 0,5 dargestellt).

Wenn die Toleranzen der einzelnen Elemente bekannt sind, können im Hinblick auf eine industrielle Fertigung mit verschiedenen Methoden Gesamttoleranzen und daraus resultierende Kopplungseffizienzen ermittelt werden. Für eine allgemeine Verteilung der Werte bietet sich die sogenannte Monte-Carlo Methode an, bei der das Ergebnis aus einer vorgegebenen Anzahl an zufälligen Werten berechnet wird [Early 1989]. Alternativ können beispielsweise der ungünstigste Fall oder bei einer gaußschen Normalverteilung die Standardabweichung betrachtet werden [Chase 1991].

4.1.3 Elektronische Steuerung

Die Aktoren der optischen Schalter werden elektronisch angesteuert. Während die MEMS-Spiegel mit einer mitgelieferten Elektronik betrieben werden können, wurde für die Ansteuerung des Mikromotors für den linear angetriebenen Schalter eine eigene Elektronik entwickelt.

Die Steuerung wurde mit einem Mikrocontroller (*Faulhaber BLD050025S*) und einer dafür entworfene Elektronikplatine umgesetzt, die eine Versorgungsspannung in vier Spannungen wandelt zur (1) Versorgung des Motors, (2) Steuerung der Drehzahl, (3) Auswahl der Drehrichtung und (4) Versorgung des Mikrocontrollers.

4.1.4 Modulare optische Kopplung

Die hier entwickelten Backplanemodule sollen variabel zusammengeschaltet und kombiniert werden können [Brammer 2011c]. Es muss daher auch für die Ebene der optischen Backplane sichergestellt sein, dass die Schnittstellen symmetrisch aufgebaut sind. Die optischen Kopplungen müssen die Fasern dabei verlustarm und reversibel lösbar miteinander koppeln. Kommerzielle Faserkopplungen gibt es in verschiedenen Ausführungen, wurden hier aber nicht eingesetzt, da die Abmessungen relativ groß sind und sie in der Regel als Ausführung mit Stecker und Buchse umgesetzt sind, also nicht symmetrisch miteinander verbunden werden können.

Die im Rahmen dieser Arbeit entwickelte optische Kopplung basiert auf sich mechanisch selbstzentrierenden Faserhaltern, die in die Schnittstellen der Module eingebaut werden und eine Stirnkopplung der Fasern erzeugen [Brammer 2011d]. Im Vergleich zum axialen Versatz, führt radialer Versatz der Fasern zu größeren Verlusten (Abbildung 2.3) und muss daher möglichst minimiert werden. Die Faserhalter besitzen eine Öffnung, in die die Faser eingeführt wird, und zwei Gabeln, die sich beim Zusammenführen an den Gabeln des gegenüberliegenden Faserhalters ausrichten (Abbildung 4.10). Der Kontakt erfolgt über die schrägen Flächen der Gabeln, die alle im gleichen Winkel zur Faserachse stehen. Dadurch wird der radiale Versatz der Fasern im Rahmen der Fertigungstoleranzen minimiert.

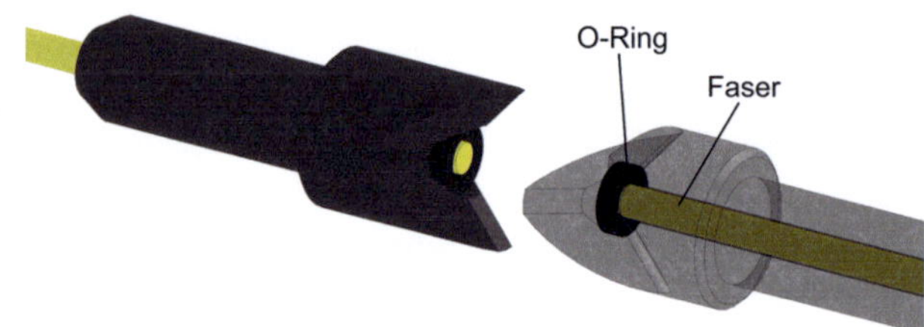

Abbildung 4.10: CAD-Modell der optischen Kopplung.

Verluste durch axialen Versatz und Oberflächenrauheit können durch den Einsatz eines Brechungsindexgels verringert werden. Um den Austritt des Gels im verbundenen Zustand zu verhindern, wurde eine Dichtmembran in die Kopplung eingefügt. Dies ermöglicht eine konstante Kopplungseffizienz über einen langen Zeitraum, da das Gel nicht verdampfen, vertrocknen oder auslaufen kann.

Im Zwischenraum der beiden Gabeln liegt bei geschlossener Verbindung ein kleiner Spalt vor, durch den Licht in einem Winkel von etwa 40° in die optische Faser eintreffen kann. Da der Auftreffwinkel deutlich größer als der Akzeptanzwinkel der eingesetzten Faser von 14,5° ist, kommt es aber nicht zur Übertragung von Störlicht.

4.2 Herstellung

Für die Herstellung der optischen Backplane wurden zunächst die optischen Schalter als Einsetzelement realisiert, in ein Gehäuse eingesetzt und dort an den Fasern und Linsen ausgerichtet. Die optischen Elemente und die Lagerung wurden entweder in als Presspassung ausgelegten Nuten fixiert oder verklebt (*EPOTEK 353ND*). Die Klebeverbindungen hatten dabei keinen Kontakt mit dem optischen Strahlengang oder dem Fluid.

Als Substratmaterial für die Herstellung der ersten Prototypen wurde transparentes PMMA verwendet, damit die Einsetzelemente beobachtet werden können. In der industriellen Umsetzung bieten sich allerdings lichtundurchlässige Materialien an, mit denen verhindert wird, dass Umgebungslicht in die optische Backplane gelangt oder Streulicht austritt. Wenn ein Teil der mikrofluidischen Backplane, wie beispielsweise eine Durchleitung in das Gehäuse integriert werden soll, können chemisch beständige Materialien wie COC oder PPS eingesetzt werden.

4.2.1 Optische Fasern

Die polymeren optischen Fasern wurden mit einer scharfen Klinge geschnitten und mit feuchtem Polierpapier erst mit 9 µm und anschließend mit 0,3 µm Körnung poliert. Beim Schneiden wird die Klinge und beim Schleifen die Faser in dafür ausgelegte Halterungen geführt, um eine zur Faserachse möglichst senkrechte, ebene Oberfläche zu erzeugen.

Zur radialen und axialen Ausrichtung wurden je eine Faser und eine Linse in eine Halterung bis zu vorgesehenen mechanischen Anschlägen eingeführt. Diese Halterungen werden in eine als Presspassung ausgelegte Nut im Modulgehäuse gelegt und mit einem verschraubten oberen Gehäuseteil gedeckelt. Beim Schaltkonzept B2, das MEMS-Spiegel und gebogene Fasern vorsieht, wurden keine einzelnen Linsen in die Halterung gesetzt, sondern ein geprägtes Element mit fünf integrierten Linsen oberhalb des MEMS-Spiegels positioniert.

4.2.2 Optischer Schalter

Die Herstellung der optischen Schalter umfasste den Aufbau der Linsen, der Spiegelelemente und der Aktorik, sowie deren Integration in ein Einsetzelement, das in das Gehäuse der optischen Backplane eingesetzt.

Linear angetriebener Schalter

Der linear angetriebene Schalter (Schaltkonzept A3) besteht aus einem Spiegelaufbau, der auf einem Träger mit eingesetzter Mutter montiert ist, sowie einem Motor mit Spindel und einem Linearlager (Abbildung 4.11). Zur Fokussierung des aus den horizontalen Fasern austretenden Lichts wurden plankonvexe Linsen eingesetzt (3 mm Durchmesser × 3 mm Fokuslänge, *Edmund Optics NT49-167*). Zur Kopplung des Lichts in die vertikal ausgerichtete Faser wurde eine bikonvexe Linse (6 mm × 6 mm, *Edmund Optics NT47-478*) verwendet.

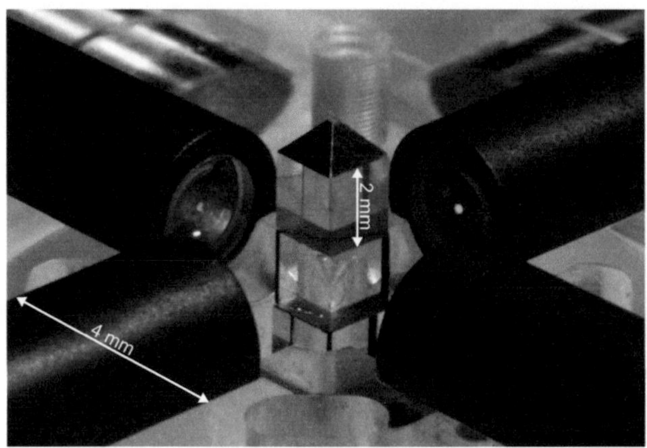

Abbildung 4.11: Foto der optischen Backplane auf der Basis des linear angetriebenen optischen Schalters. Grünes Licht wird über ein Prisma horizontal gekoppelt.

Zum Aufbau der Spiegelgruppe wurden vier rückseitig verspiegelte, rechtwinklige Prismen ($2 \times 2 \times 2$ mm^3, *Edmund Optics NT45-385*) und ein Pyramidenspiegel mit Würfelfuß übereinander montiert und miteinander verklebt. Der Pyramidenspiegel ($2 \times 2 \times 1$ mm^3), der einem transparenten Würfel als Fuß ($2 \times 2 \times 2$ mm^3) aufsitzt, wurde spanend aus Quarzkristall (SiO_2) strukturiert und feinpoliert. Die Pyramiden-oberflächen wurden anschließend mit 80 - 150 nm Al oder Ag als Reflexionsschicht in einem Hochvakuumprozess ($p = 10^{-6}$ - 10^{-7} Pa) bedampft (Verdampfungstemperatur $T_{Al} = 1250°C$, $T_{Ag} = 1150°C$). Das Substrat wurde bei diesem Prozess mit flüssigem Stickstoff auf 140 - 160 K gekühlt, um ein gleichmäßiges Schichtwachstum zu erzeugen. Die Oberflächenrauheit der unbeschichteten Pyramide wurde mit einem Rasterkraftmikroskop (AFM, *Digital Instruments Dimension 3100*) zu $R_q = 4,8$ nm ($R_a = 3,2$ nm) bestimmt. Nach der Beschichtung mit Al wurde eine Rauheit von $R_q = 7,4$ nm ($R_a = 5,9$ nm) gemessen, die nach Gleichung 2.26 für eine Wellenlänge von 650 nm einem Verlust von 0,09 dB (2,0 %) entspricht.

Der Spiegelaufbau wurde auf einen Träger geklebt, in den unten ein Hohlraum und mittels einer Presspassung eine eingeklemmte Mutter integriert sind. Der Träger wurde auf die Spindel eines Lineargetriebes (125:1 Übersetzung, *Faulhaber 03AS3*) gesetzt, das von einem bürstenlosen Mikromotor (3 mm Durchmesser, *Faulhaber 0308B*) angetrieben wird. Der Träger wurde mit einem Linearkugellager (*IKO LWL1*) verklebt, das wiederum am Gehäuse des Einsetzelements verklebt ist. Der optische Schalter wurde in ein Einsetzteil integriert, das in das Substrat eingeführt und über Schrauben fixiert ist. Justierlöcher für die Schrauben erlauben eine rotatorische Ausrichtung des Spiegelaufbaus zu den Fasern während der Montage, wodurch sich

Fertigungstoleranzen aktiv ausgleichen lassen. Dafür wurde die Kopplungseffizienz in Abhängigkeit der rotatorischen Spiegelausrichtung während der Montage gemessen und der Spiegelaufbau in der optimalen Ausrichtung fixiert.

MEMS-Spiegel Schalter mit fixem Ablenkspiegel

Alternativ zum linear angetriebenen Schalter kann Licht nach Schaltkonzept B1 durch einen beweglichen MEMS-Spiegel (*Sercalo Microtechnology*) zwischen den Fasern geschaltet werden (Abbildung 4.12a). Der mittels Siliziummikromechanik hergestellte MEMS-Spiegel ist in ein standardisiertes Gehäuse (*TO5*) eingebaut und mit einem Glasdeckel hermetisch versiegelt. Die plankonvexen Linsen (3 mm × 4,5 mm, *Edmund Optics NT49-168*) zur Fokussierung des aus den horizontalen Fasern austretenden Lichts wurden wie bei der Variante des linear angetriebenen Schalters in eine Faserhalterung integriert. Vor der vertikalen Faser befindet sich wegen des begrenzten Bauraums keine Linse.

Der MEMS-Spiegel wurde von unten in die optische Backplane eingeführt und durch eine Übergangspassung fixiert. Die optischen Fasern wurden ähnlich wie beim linear angetriebenen Schalter in Halterungen eingesetzt und somit in die optische Backplane integriert. Die Positionen der Linsen und die Methode zur Ablenkung des Lichts auf den Spiegel sind für die zwei umgesetzten Varianten unterschiedlich.

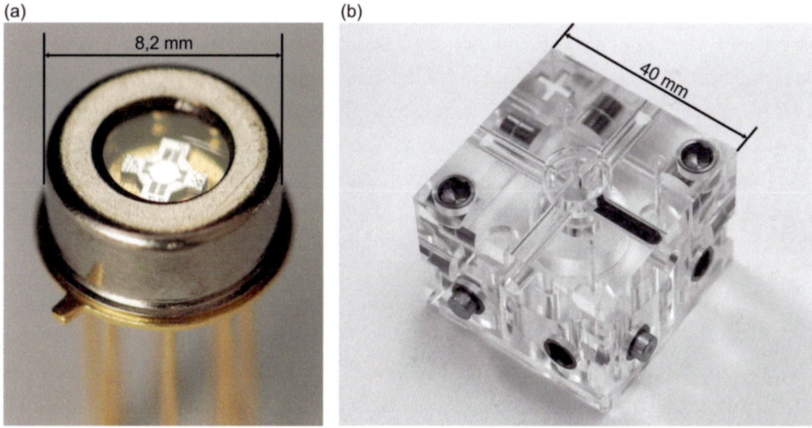

Abbildung 4.12: Fotos der optischen Backplane auf Basis des MEMS-Spiegel Schalters. (a) MEMS-Spiegel im *TO5*-Gehäuse. (b) Backplanemodul des MEMS-Spiegel Schalters mit fixem Ablenkspiegel.

In der ersten Variante des MEMS-Spiegel Schalters nach Schaltkonzept B1 wird Licht durch die vier Spiegelflächen einer verspiegelten Pyramide auf den MEMS-Spiegel gelenkt (Abbildung 4.12b). Die Pyramide wurde entsprechend der Pyramide des linear angetriebenen Schalters aus Quarzkristall spanend strukturiert, feinpoliert und anschließend mit Al beschichtet. Als Oberflächenrauheit der Spiegelschicht wurde $R_q = 6{,}7$ nm ($R_a = 5{,}4$ nm) mittels eines AFM gemessen, die für eine Wellenlänge von 650 nm einem Verlust von 0,07 dB (1,6 %) entspricht. Die Pyramide wurde von oben in die optische Backplane eingeführt und durch eine Presspassung fixiert. Die Linsen (3 mm × 4,5 mm, *Edmund Optics NT49-168*) wurden wie bei der Variante des linear angetriebenen Schalters, ebenfalls in die Halterung für die Faser integriert.

MEMS-Spiegel Schalter mit gebogenen Fasern

In der alternativen Variante (Schaltkonzept B2) wurden die optischen Fasern gebogen und von schräg oben auf den MEMS-Spiegel gerichtet. Hierfür wurden sie am Rand des Backplanemoduls und oberhalb des Spiegels in Halterungen geschoben, die in das Gehäuse des Moduls geklemmt wurden. Hierfür musste im Vergleich zu den anderen Varianten eine optische Faser mit kleinerem minimalen Biegeradius eingesetzt werden (*Chromis MEDPOF200*).

Anders als bei den vorherigen Varianten wurden die Linsen hier in PMMA geprägt. Das geprägte Linsenelement besteht aus fünf Einzellinsen, die in eine sphärisch gekrümmte Oberfläche integriert sind. Dieses Linsenelement wurde zwischen die Faserhalter und den MEMS-Spiegel positioniert. Hierfür wurde ein zweiteiliges Heißprägewerkzeug aus einer Kupfer-Nickel-Zink-Legierung ($Cu_{61}Ni_{25}Zn_{12}X_2$, *Arcap AP1D*) mittels Präzisionsdrehens hergestellt (*Sumipro Submicron*). Um geringe Verluste aufzuweisen, mussten die optischen Oberflächen der Linsen und somit auch des Prägewerkzeugs eine geringe Rauheit aufweisen. Die mittels eines AFM gemessene Rauheit ergab $R_q = 15{,}2$ nm ($R_a = 3{,}5$ nm) für das Werkzeug und $R_q = 18{,}2$ nm ($R_a = 3{,}8$ nm) für die geprägten Linsen.

4.2.3 Elektronische Steuerung

Die elektronische Steuerung des Mikromotors (*Faulhaber 0308B*) im linear angetriebenen Schalter wird durch einen Mikrocontroller (*Faulhaber BLD050025S*) durchgeführt. Zur Versorgung und Schaltung des Motors und des Mikrocontrollers wurde eine Elektronikplatine der Größe 40 × 20 mm^2 entwickelt und in die Ebene der optischen Backplane integriert. Der MEMS-Spiegel in den anderen Varianten wurde mit einer mitgelieferten Elektronikplatine der Größe 38 × 20 mm^2 gesteuert.

4.2.4 Modulare optische Kopplung

Die optische Kopplung besteht aus zwei Faserhaltern, die beim Zusammenführen durch gabelförmige mechanische Anschläge automatisch aneinander ausgerichtet werden (Abbildung 4.13). Die schrägen Flächen wurden mit einer computergesteuerten Fräsmaschine hergestellt, wobei die Bauteile so ausgelegt sind, dass sie mittels Spritzgießens gefertigt werden können. Zur Abdichtung eines Brechungsindexgels wird an die Verbindungsstelle ein Dichtelement um die Fasern eingesetzt.

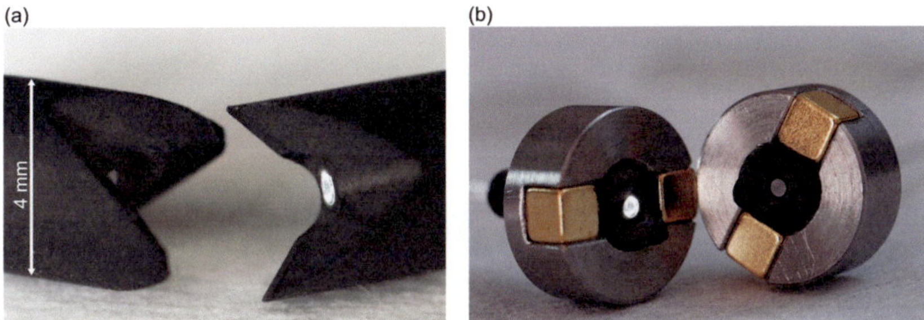

Abbildung 4.13: Fotos der optischen Kopplung. (a) Selbstzentrierende Faserhalter. (b) Faserhalter mit magnetischer Kopplung zur Verbindung optischer Fasern.

4.3 Charakterisierung

Die verschiedenen Varianten der optischen Backplane wurden auf Kopplungseffizienz und Schaltzeit charakterisiert [Brammer 2012]. Als Referenz zur Ermittlung der Effizienz wurde jeweils die Intensität am Ausgang einer direkt an die Lichtquelle gekoppelten optischen Faser gemessen. Die Messungen wurden mit einem optischen Leistungsmesser (*ILX Lightwave OMH-6703B*) und einem angeschlossenen Multimeter (*ILX Lightwave OMM-6810B*) durchgeführt. Als Lichtquellen wurden zum einen eine Laserdiode und zum anderen eine LED eingesetzt.

- Eine rote Laserdiode (*Laser Components ADL65055TL*, $\lambda_{max} = 655$ nm, $P_0 = 7$ mW cw) wurde mit einem Strom von 30 mA betrieben und über eine Steuerelektronik auf eine Temperatur von 20°C geregelt. Der Strahl der Laserdiode wurde mit einer Linse auf die Stirnfläche der Faser fokussiert.

- Eine rote LED (*Lumitronix 13602*, $\lambda_{max} = 632$ nm, $\Delta\lambda_{FWHM} = 15{,}8$ nm) wurde mit einer Spannung von 2 V betrieben. Die Plastiklinse der LED wurde angebohrt, so dass eine optische Faser bis etwa 0,1 mm oberhalb der Halbleiterdiode eingeführt und dort eingeklebt werden kann [Rabus 2009].

4.3.1 Linear angetriebener Schalter

Abbildung 4.14 zeigt die gemessene Kopplungseffizienz des linear angetriebenen Schalters für die verschiedenen Lichtquellen.

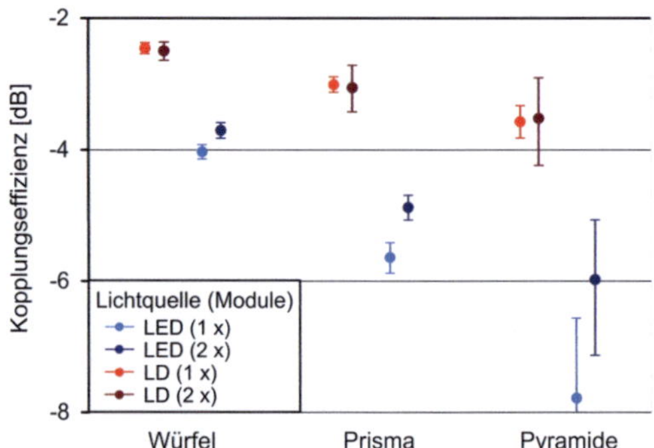

Abbildung 4.14: Kopplungseffizienz des linear angetriebenen Schalters betrieben mit einer Laserdiode (hell und dunkel rot) oder einer LED (hell und dunkel blau) für die Schaltstellungen: Transparenter Würfel, Prismenspiegel und Pyramidenspiegel. Licht wurde aus der Lichtquelle durch eine Faser in ein Modul eingekoppelt (helle Farben) oder aus einem Nachbarmodul (dunkle Farbe).

- Messungen ergaben für die Schaltstellung mit dem transparenten Würfel beim Betrieb mit der Laserdiode eine Kopplungseffizienz von 56,8 % (-2,5 dB) bei einer Standardabweichung von 0,7 %.

- Für den Prismenspiegel wurde beim Betrieb mit der Laserdiode eine Effizienz von 50,0 % ± 4,3 % (-3,0 dB) gemessen. Die geringere Effizienz im Vergleich zum transparenten Würfel lässt sich durch den bereits in der Simulation berücksichtigten Absorptionsverlusten an der Spiegelfläche von etwa 5 % und dem radialen Versatz der Spiegelfläche zur Achse der zweiten Linse von etwa 0,15 mm erklären. Dieser Versatz ergibt sich aus der Dicke der Spiegel- und Schutzschicht des Prismas sowie der Klebeschicht zwischen den Prismen.

- Für den Pyramidenspiegel wurde mit der Laserdiode eine Effizienz von 43,9 % ± 6,5 % (-3,6 dB) ermittelt. Die vergleichsweise geringe Effizienz dieser Schaltstellung resultiert aus der kleineren Spiegelfläche, einem radialen Versatz der Spiegelfläche zur Achse der oberen Linse sowie dem größeren Abstand zwischen Spiegelfläche und oberer Linse. Die hohe Standardabweichung erklärt sich mit der stärkeren Abhängigkeit von Toleranzen, die ebenfalls aus der kleineren Spiegelfläche und dem Versatz zur Achse der oberen Linse resultiert.

- Beim Betrieb mit der LED wurden deutlich geringere Werte gemessen. Dieses kann mit der unterschiedlichen Divergenz des aus der Lichtquelle in die Ausgangsfaser eingekoppelten Lichts erklärt werden. Da die Laserdiode über eine Linse in die Faser einkoppelt, sind die divergenten Anteile des Lichts in der Faser deutlich geringer als im Betrieb mit einer LED. Wenn am Ausgang eines Moduls ein weiteres Modul angekoppelt wird, verringert sich dieser Unterschied. Während die durchschnittliche Kopplungseffizienz des zweiten Moduls beim Betrieb mit der Laserdiode nahezu gleich bleibt, ist sie beim Betrieb mit der LED höher als im ersten Modul. Dieser Effekt kann auf einen höheren Verlust der divergenten Anteile im ersten Modul zurückgeführt werden. Im dritten Modul wurde im Rahmen der Messgenauigkeit die gleiche Kopplungseffizienz wie im zweiten Modul ermittelt.

Die Schaltzeit zwischen zwei Zuständen wird durch die lineare Bewegung des Aktors bestimmt und ist somit abhängig vom Weg, den der Aktor zurücklegen muss. Der Linearaktor erreicht bei einer Versorgungsspannung von 5 V eine maximale Geschwindigkeit von 2 mm/s. Die resultierende Schaltzeit liegt abhängig vom Anfangs- und Endzustand bei 1 - 2,75 s.

4.3.2 MEMS-Spiegel Schalter

Beide Varianten des MEMS-Spiegel Schalters wurden auf Kopplungseffizienz untersucht (Abbildung 4.15). Die Variante mit fixem Ablenkspiegel wurde im montierten Modul charakterisiert, die Variante mit gebogenen Fasern wurde zur Charakterisierung mit Präzisionspositionierstellgliedern ausgerichtet.

- Als Kopplungseffizienz der Variante mit fixem Ablenkspiegel wurde beim Betrieb mit der Laserdiode für die horizontale Ablenkung 18,8 % ± 1,0 % (-7,3 dB) und für die vertikale Ablenkung 6,4 % ± 0,4 % (-11,9 dB) ermittelt. Beim Betrieb mit der LED ergaben sich Werte von 12,9 % ± 1,7 % (-8,8 dB) und 4,5 % ± 0,5 % (-13,5 dB).

- Die Variante mit gebogenen Fasern hat eine deutlich geringere Kopplungseffizienz von 3,2 % ± 0,8 % (-14,9 dB) mit der Laserdiode und 3,0 % ± 0,9 % (-15,2 dB) mit der LED gezeigt, wobei kein Unterschied zwischen den Schaltstellungen gemessen werden konnte. Die ermittelte Effizienz hängt bei dieser Variante deutlich weniger von der Lichtquelle ab. Dies kann mit der geringeren Numerischen Apertur (0,18 statt 0,25) und den Biegeverlusten der verwendeten Faser erklärt werden, wodurch höher divergente Anteile des Lichts aus der LED nicht in die Faser einkoppeln oder in der

Biegung abgestrahlt werden. Die im Vergleich zur Simulation höheren Verluste können mit der Streuung des Lichts an den Stirnflächen der Fasern erklärt werden und mit der starken Abhängigkeit von den Fertigungstoleranzen. Wegen der geringeren zu erwartenden Kopplungseffizienz wurde diese Variante nicht als Prototyp umgesetzt.

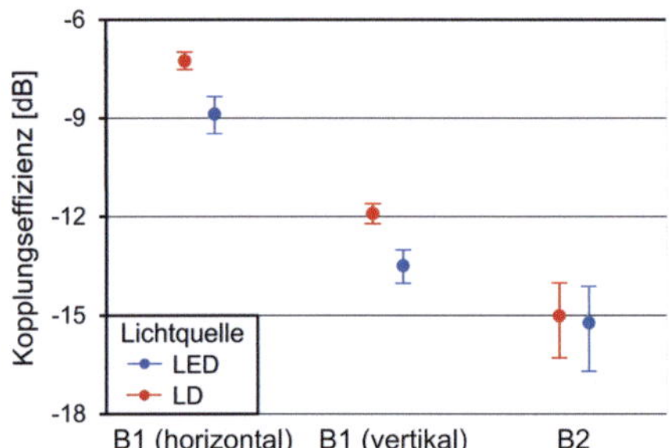

Abbildung 4.15: Kopplungseffizienz der MEMS-Spiegel Schalter betrieben mit Laserdiode (rot) oder LED (blau). Kopplungseffizienz für die horizontale und vertikale Schaltstellung der Variante mit fixem Ablenkspiegel sowie der Variante mit gebogenen Fasern.

Die Schaltzeit der MEMS-Spiegel Schalter wurde mit einem Spektrometer mit einer Frequenz von 50 Hz gemessen. Die Messung hat eine Schaltzeit unterhalb von 20 ms ergeben und stimmt mit dem vom Hersteller angegebenen Wert von 15 ms überein. Noch kürzere Signaländerungen konnten mit dem vorhandenen Messaufbau nicht gemessen werden.

4.3.3 Modulare Kopplung

Die optische Kopplung verbindet zwei Fasern mit möglichst geringem Versatz. Die Funktionalität wurde durch Leistungsmessungen ermittelt, bei denen die durch die Kopplung auftretenden Verluste ermittelt wurden (Abbildung 4.16).

Die Messergebnisse zeigen, dass die Kopplungseffizienz durch Zugabe von Brechungsindexgel um 1 - 2 % gesteigert werden kann. Für eine Kopplung mit Gel und betrieben mit einer Laserdiode wurde eine Effizienz von 92,6 % ± 1,6 % (-0,33 dB) ermittelt. Beim Betrieb mit einer LED wurde entsprechend den Ergebnissen der optischen Schalter eine um 2 - 3 % geringere Effizienz gemessen.

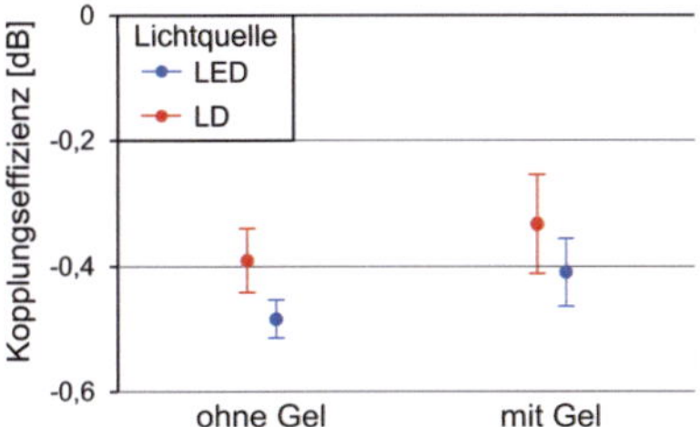

Abbildung 4.16: Kopplungseffizienz der optischen Kopplung. Kopplungseffizienz mit Laserdiode (rot) und mit LED (blau).

Um die Anteile an den Verlusten zu bewerten, wurde die mittlere Effizienz beim Betrieb mit einer LED von 91,0 % ± 1,5 % (-0,41 dB)   hergezogen und folgende Annahmen getroffen.

- Durch manuelles Schleifen und Polieren kann der Verlust durch Oberflächenrauheit und -defekte auf etwa 0,3 dB angenommen werden [Ziemann 2007]. Dieser Wert wurde in den Messungen durch das Brechungsindexgel (*Fiber Optic Center AL-3349-30G*, n_{Gel} = 1,49) durchschnittlich auf etwa 0,22 dB reduziert. Die zu beobachtende höhere Standardabweichung beim Einsatz von Brechungsindexgel kann mit einer Toleranz bei der Dosierung erklärt werden.

- Der durch Versatz auftretende Verlust beläuft sich unter diesen Voraussetzungen auf 0,19 dB. Bei Annahme gleichverteilter Toleranzen des radialen und axialen Versatzes, entspricht dieser Verlust nach Abbildung 2.3 einem Versatz von je ± 0,03 mm.

5. Gesamtsystem

Das im Rahmen der vorliegenden Arbeit entwickelte Systemkonzept basiert auf standardisierten Backplanemodulen, die aus den Unterebenen der mikrofluidischen und optischen Backplane aufgebaut sind. Abbildung 5.1 zeigt ein Backplanemodul als CAD-Modell und als Foto.

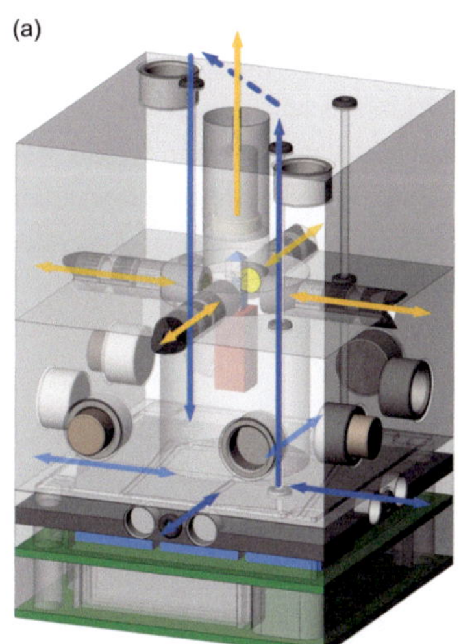
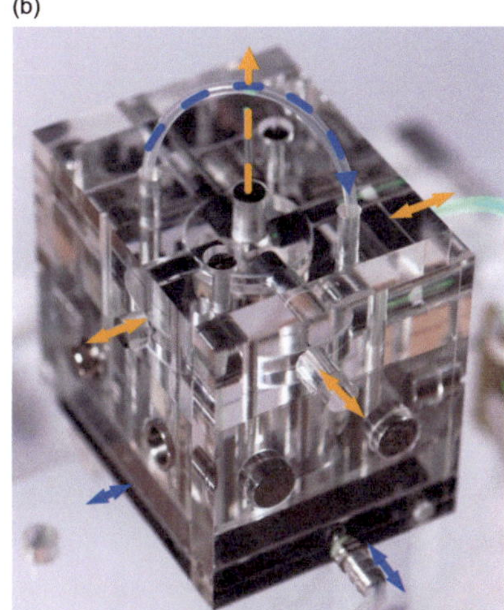

Abbildung 5.1: Backplanemodul. Die Wege, die Fluid (blau) und Licht (gelb) nehmen, sind mit Pfeilen dargestellt. (a) CAD-Modell, (b) Foto.

Das Systemkonzept der modularen Backplane erlaubt den variablen Aufbau verschiedener optofluidischer Analysesysteme unterschiedlicher Größe, Komplexität und Funktion. Die spezielle Funktion eines Gesamtsystems ergibt sich dabei aus der individuellen Kombination der Einzelbausteine, die selbst nur in einer begrenzten Anzahl von standardisierten Varianten zur Verfügung stehen müssen. Um dies zu ermöglichen, besitzt das entwickelte Konzept folgende Merkmale:

- Die primäre Funktion der im Rahmen dieser Arbeit entwickelten modularen Backplane ist die variable Zusammenschaltung, Versorgung und Steuerung von Funktionsmodulen beliebiger Anzahl und Anordnung.

- Die standardisierten Schnittstellen der Module erlauben zudem die Kombination verschiedener entwickelter Varianten der Backplanemodule. So können die beiden Varianten der optischen Backplane in einem System kombiniert werden. Dadurch können schnelle optische Kanäle über den MEMS-Spiegel Schalter geschaltet werden, während parallel oder in Reihe ein effizienter linear angetriebener Schalter eingesetzt wird. Hiermit kann beispielsweise mit hoher Frequenz zwischen verschiedenen Lichtquellen umgeschaltet werden und das Licht mit langsamer Frequenz zwischen verschiedenen Sensoren verteilt werden.

- Der Aufbau des einzelnen Backplanemoduls sieht zwei unabhängige, aber zueinander kompatible Ebenen vor, die bei der Entwicklung eines Gesamtsystems nacheinander in verschiedenen Entwicklungsstadien umgesetzt werden können. Im ersten Stadium würde beispielsweise nur die mikrofluidische Backplane genutzt werden, um Funktionsmodule miteinander zu verschalten. Hierbei könnten auch optofluidische Sensoren verschaltet werden, wenn jeweils eine kompakte Lichtquelle wie eine LED oder Laserdiode in die Funktionsmodule integriert werden. In einem zweiten Entwicklungsstadium könnte die optische Backplane hinzugefügt werden.

- Die Backplanemodule können in Varianten konstruiert werden, die sich in ihrer Ausstattung, wie beispielsweise der Anzahl der Schaltmöglichkeiten, und damit hinsichtlich ihrer Fertigungskosten unterscheiden. So müssen in einem individuellen Gesamtsystem nur die Module eingesetzt werden, die jene Schaltfunktionen aufweisen, die für die Funktionserfüllung erforderlich sind. Die anderen Module können hingegen mit einer kostengünstigeren fest eingeprägten Schaltstellung ausgestattet sein.

- Optional können ferner manuell mechanisch schaltbare statt elektrisch schaltbare Ventile oder optische Schalter integriert werden. Zum einen sind die optischen Schalter in Einsetzelemente integriert und können somit ausgetauscht werden. Zum anderen erlaubt die reversibel lösbare Ventilkopplung einen einfachen Austausch der Ventile und somit einen praktikablen Einsatz von Ersatzventilen.

Da bisher noch keine Prototypen der zylindrischen Ventile mit einem Durchmesser von 8 mm vorhanden waren, wurden hier manuell mechanisch schaltbare Ersatzventile konstruiert. Zudem wurden Ersatzventile für die FGL-Mikroventile mit einer Grundfläche von 10×10 mm^2 konstruiert, da davon ebenfalls keine ausreichende Anzahl vorhanden war, um mehrere Backplanemodule zu bestücken.

5.1 Konstruktion

Die entwickelte Backplane wurde mit verschiedenen Funktionsmodulen der Firma *Bürkert* getestet, wie beispielsweise einem Modul mit integriertem Leitfähigkeits- und Temperatursensor. Zudem wurden im Rahmen dieser Arbeit eigene Funktionsmodule konstruiert und als Demonstratoren umgesetzt, um die Backplane betreiben und charakterisieren zu können. Als Sensoren wurden zwei verschiedene Spektrometer und ein Farbsensor in Funktionsmodule integriert. Des Weiteren wurde ein Versorgungsmodul aufgebaut, in das zwei Pumpen, ein fluidischer Mischer und Lichtquellen integriert sind. Die Funktionsmodule wurden wie auch die Backplane-module auf einer Grundfläche von 40×40 mm^2 konstruiert. Jedes Funktionsmodul wurde auf ein Backplanemodul montiert, mit dem es über die definierten Schnitt-stellen verbunden ist.

Funktionsmodul mit integriertem Spektrometer

Bei der Analyse von Fluiden werden sehr häufig optische Verfahren zur Messung der Transmissionseigenschaften des Fluids eingesetzt. Dementsprechend bot es sich an, Funktionsmodule mit Miniaturspektrometer auszurüsten und für die Systemtests einzusetzen. Es wurden zwei verschiedene Spektrometer (*Hamamatsu C10988MA* und *Ocean Optics STS-VIS25-400*) in jeweils ein Funktionsmodul integriert (Abbildung 5.2). Die Signale der Spektrometer wurden jeweils mittels einer eigenen bereitgestellten Elektronik am Rechner ausgewertet.

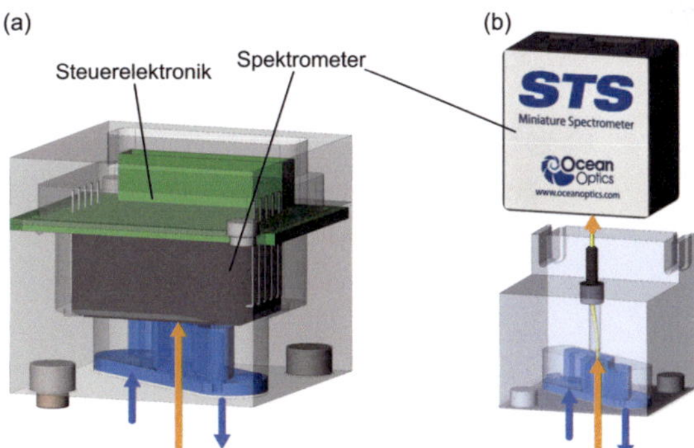

Abbildung 5.2: CAD-Modell der verschiedenen Versionen der Funktionsmodule mit integriertem Spektrometer. Die Wege, die Fluid (blau) und Licht (gelb) nehmen, sind mit Pfeilen dargestellt. (a) *Hamamatsu* Spektrometer. Die Steuerelektronik ist in grün dargestellt. (b) *Ocean Optics* Spektrometer mit integrierter Steuerelektronik.

Die fluidische Schnittstelle des Funktionsmoduls enthält zum einen zwei Kanal-anschlüsse zum assoziierten Backplanemodul, die durch einen Fluidkanal verbunden sind. Durch diesen Kanal wird das Fluid zur Analyse geleitet. Die Schnittstelle wurde als ein (für sichtbares Licht) transparentes Einsetzelement realisiert, das die optische Vermessung des durchgeleiteten Fluids erlaubt. In der Mitte des Fluidkanals befindet sich die Interaktionszone, in der das Licht durch das Fluid auf den Eingang des Spektrometers trifft. Über das Backplanemodul geleitetes Licht wird über die optische Schnittstelle des Funktionsmoduls zum Detektor geleitet. Die Schnittstelle besteht aus einer Linse, die in das Einsetzelement integriert ist und das aus dem Backplanemodul ausgekoppelte Licht fokussiert.

Funktionsmodul mit integriertem Farbsensor

Farbsensoren ermitteln aus der Detektion der Spektralanteile des Lichts und dessen Vergleich mit Referenzwerten sogenannte Farbmaßzahlen (DIN 5033). Hier wurde ein Farbsensor (*MAZeT MTCS-C2, Jencolor Colorimeter 2*) auf Basis einer Photo-diode mit vorgeschalteten Farbfiltern in ein Funktionsmodul integriert. Die drei Filter transmittieren jeweils einen definierten Spektralbereich für die Farben Rot, Grün und Blau auf drei getrennte Bereiche der Photodiode.

Für die Integration wurde ein ähnlicher Aufbau wie für die Miniaturspektrometer gewählt (Abbildung 5.3). Licht durchläuft das gleiche Einsetzelement, das auch fluidische Anschlüsse bereithält. Nach Transmission durch das Einsetzelement trifft das Licht auf ein Prisma und wird von dort durch Totalreflexion auf die Photodiode gelenkt. Die auf die Photodiode aufgesetzte Blende beschränkt den Winkelbereich, aus dem das Licht maximal auftreffen kann, auf die in einer Norm zur Farbsensorik (DIN ISO 4630) vorgeschriebenen 10°.

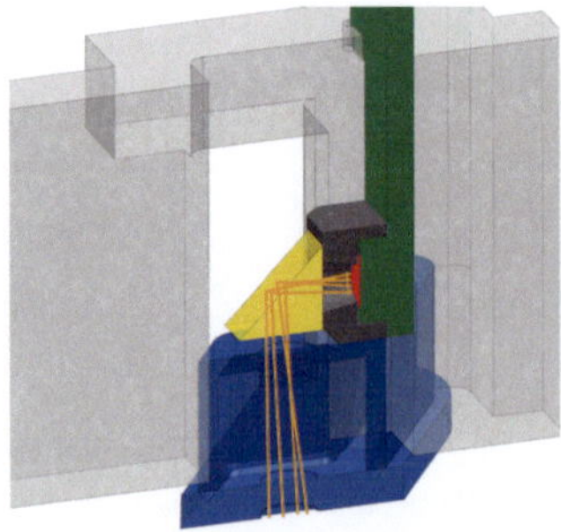

Abbildung 5.3: CAD-Schnittmodell des Funktionsmoduls mit integriertem Farbsensor. Durch das Einsetzelement (blau) transmittiert und im Prisma (gelb) reflektiertes Licht (gelbe Pfeile) trifft auf die Photodiode (rot), die mit der Auswerteelektronik (grün) verbunden ist.

Funktionsmodul mit integrierten Versorgungseinheiten

Neben Sensoren werden in einem optofluidischen Analysesystem auch Pumpen und Lichtquellen benötigt. Diese können entweder extern bereitgestellt oder in ein Funktionsmodul integriert werden. Hier wurde ein Funktionsmodul mit diesen Komponenten konstruiert, das fest auf einem Backplanemodul montiert ist (Abbildung 5.4). In das Backplanemodul wurden drei Lichtquellen integriert, die wahlweise aus kompakten LEDs und Laserdioden kombiniert werden können. In das Funktionsmodul wurden zwei Mikropumpen, ein fluidischer Mischer und die benötigte Steuerelektronik integriert.

Die Lichtquellen wurden in das Gehäuse des standardisierten optischen Backplanemoduls integriert, wobei wahlweise ein bis drei Faser- und Linsenhalter durch Lichtquellen ersetzt wurden. Die übrigen Positionen bilden die optischen Ausgänge, an die Nachbarmodule angekoppelt werden können. Die LEDs wurden in angepasste Halterungen mit Fasern und Linsen zusammengeschaltet. Um möglichst viel Licht auszukoppeln, wurden die Plastiklinsen der Leuchtdioden angebohrt und eine optische Faser bis etwa 0,1 mm oberhalb der Halbleiterdiode eingeführt [Rabus 2009]. Die Laserdioden wurden in eine Halterung mit integrierter Linse gesetzt. Mittels des optischen Schalters lässt sich jeweils eine der Lichtquellen auswählen und deren Licht zu einem der optischen Ausgänge leiten.

Mittels der zwei Mikropumpen (*Bürkert 7604*) und der fluidischen Mischstrecke kann das Fluid aus zwei Nachbarmodulen oder externen Zuleitungen zu einem anderen Ausgang geführt werden.

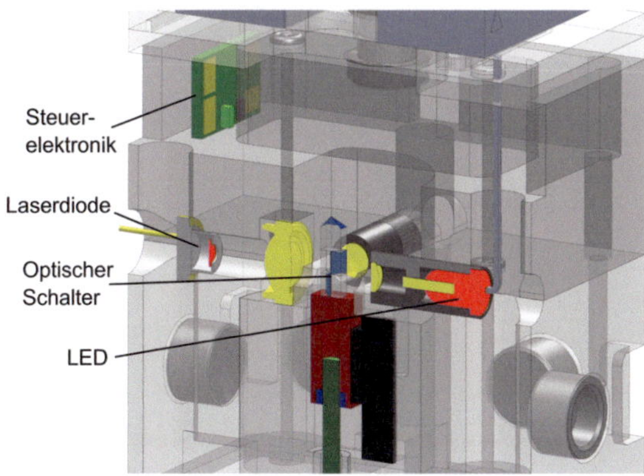

Abbildung 5.4: CAD-Schnittmodell des Versorgungsmoduls.

5.2 Herstellung

Die Funktionsmodule wurden so konstruiert, dass die Polymerkomponenten auch mit serientauglichen Fertigungstechnologien wie Spritzgießen hergestellt werden können. Die Gehäuse der Prototypen wurden aus PPS hergestellt. Das lichtundurchlässige Material verhindert den Einfall von Streulicht in das Modul und eine Beeinträchtigung der Messungen. Die Funktionsmodule wurden mit Magnetkopplungen auf den Backplanemodulen montiert. Genauso wurden auch die Deckel der Module befestigt, um einen schnellen Zugang zu den Sensorschnittstellen zu ermöglichen.

Das transparente Einsetzelement mit fluidischen und optischen Schnittstellen für die Sensormodule wurde für dieses System aus PMMA hergestellt. Es kann für Anwendungen, die eine höhere chemische Resistenz benötigen, stattdessen aus COC hergestellt werden. Die fluidische Mischstrecke für das Versorgungsmodul wurde ähnlich der fluidischen Kanalplatten in COC strukturiert und anschließend mittels Lasertransmissionsschweißens gedeckelt.

5.3 Charakterisierung

Zur Demonstration der Funktionalität der modularen Backplane wurden verschiedene Funktionsmodule miteinander verbunden (Abbildung 5.5) und Messungen mit den Sensormodulen durchgeführt [Brammer 2012].

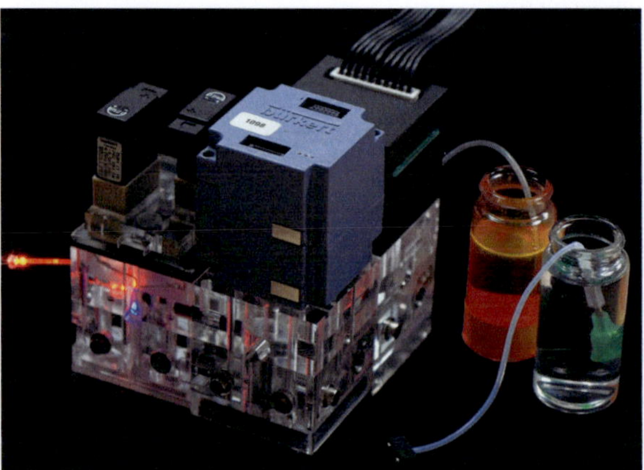

Abbildung 5.5: Foto des Demonstrators mit drei zusammengeschalteten Backplanemodulen und montierten Funktionsmodulen, einem Mikrospektrometer, einem Leitfähigkeitssensor und einer Versorgungseinheit mit Mikropumpen, fluidischem Mischer und Lichtquellen.

Transmissionsmessungen mit Spektrometer

Mit den in den Funktionsmodulen integrierten Sensoren wurden Transmissionsmessungen durchgeführt. Hierfür wurden drei verschiedene Farbstoffe (*Cumarin 6*,
Rhodamin 6G und *Disperse Red 1*) in Ethanol gelöst und durch das montierte
Funktionsmodul geleitet. Licht verschiedener Lichtquellen wurde durch die Ebene der
optischen Backplane zum Funktionsmodul geleitet und nach Transmission durch das
zu analysierende Fluid im Detektor gemessen. Als Referenzsignal wurde das Licht
durch deionisiertes Wasser geleitet. Die Ergebnisse zeigen eine Veränderung des
gemessenen Spektrums im Vergleich zur Referenzmessung (Abbildung 5.6).

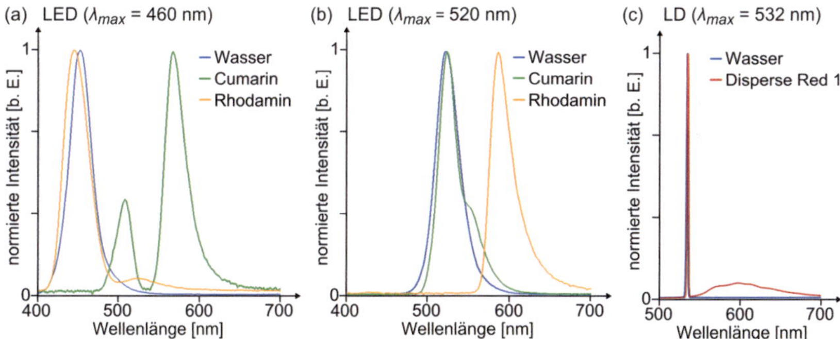

Abbildung 5.6: Ergebnisse der Fluoreszenzmessungen. Normierte Intensität der gemessenen
Spektren bei der Transmission durch Wasser (blau), in Ethanol gelöstes Cumarin (grün),
Rhodamin (orange) und *Disperse Red 1* (rot). (a) Vergleich der gemessenen Spektren bei
Bestrahlung mit einer blauen LED (λ_{max} = 460 nm). (b) Vergleich der gemessenen Spektren
bei Bestrahlung mit einer grünen LED (λ_{max} = 520 nm). (c) Vergleich der gemessenen
Spektren bei Bestrahlung mit einer grünen Laserdiode (λ_{max} = 532 nm). Einzelwerte.

- Zum einen wird das Licht der LED abhängig vom Farbstoff teilweise oder ganz
  absorbiert. Während Rhodamin das Licht der grünen LED absorbiert und das
  Licht der blauen LED größtenteils transmittiert, ist das Gegenteil für Cumarin
  der Fall.

- Zum anderen wird die Energie des absorbierten Lichts teilweise wieder bei einer
  längeren Wellenlänge emittiert. Dieses Verhalten kann mit den Energieniveaus
  der Elektronen im Farbstoff erklärt werden. Ein durch absorbierte Energie
  angeregtes Elektron gibt hierbei einen Teil dieser Energie beim Übergang in
  einen niederenergetischen Zustand durch spontane Emission ab. In der Regel
  wird der weitere Teil der Energie strahlungsfrei in Wärme umgewandelt.

- Beim Betrieb mit einer grünen Laserdiode und dem Farbstoff *Disperse Red 1* (Abbildung 5.6c) wurde ein Teil des Lichts absorbiert und als Fluoreszenzsignal emittiert. Es zeigt sich der Vorteil des Betriebs mit einer monochromatischen Lichtquelle, da hierbei die Spektren der Lichtquelle und des Fluoreszenzsignals spektral getrennt und so deutlich voneinander zu unterscheiden sind.

- Die Intensität des am Detektor gemessenen Signals sinkt durch die Zugabe der Farbstoffe im Vergleich zur Referenzmessung. Zwar ist die Quantenausbeute, also das Verhältnis zwischen emittierten und absorbierten Photonen, mit typischerweise über 95 % sehr hoch, jedoch ist die Emission nicht gerichtet, so dass nur ein Teil im Detektor ankommt.

Transmissionsmessungen mit Farbsensor

Neben Spektrometern bieten sich Farbsensoren basierend auf Photodioden an, um Fluide spektral zu analysieren. Hierbei wird typischerweise eine breitbandige Lichtquelle eingesetzt. Abbildung 5.7 zeigt das im Farbsensor gemessene Signal in normierter XYZ-Farbskala bei Transmission von Licht einer Weißlicht-LED (*Vishay Semiconductors VLCW5100*) durch den in Ethanol gelösten Farbstoff *Disperse Red 1*. Gemessen wurde ein Farbwert von $(X, Y, Z) = (49500, 44530, 45650)$.

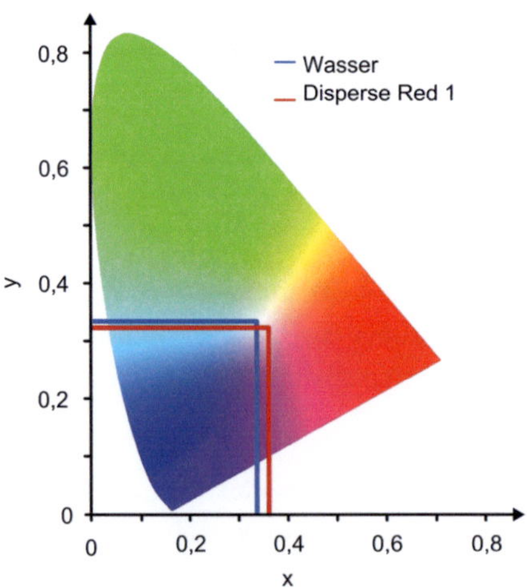

Abbildung 5.7: Ergebnisse der Fluoreszenzmessung mit Farbsensor. Farbmaßzahlen in normierter XYZ-Farbskala bei der Transmission durch Wasser (blau) und in Ethanol gelöstes *Disperse Red 1* (rot). Gemittelte Einzelwerte.

6. Zusammenfassung und Ausblick

Das Ziel dieser Arbeit war es, eine Plattform (Backplane) zur Zusammenschaltung einer beliebigen Anzahl und Anordnung von optofluidischen Sensor-, Versorgungs-, Steuer- und Regelelementen (Funktionsmodulen) zu entwickeln, die eine gezielte Leitung von Fluiden und Licht im System ermöglicht.

Es wurde ein modulares Konzept entwickelt, um mit standardisierten Bausteinen (Backplanemodulen) für jede gewünschte Konfiguration von Funktionsmodulen ein entsprechendes Netzwerk zu bilden. Für die Zusammenschaltung der Module wurden mechanisch reversibel lösbare, fluiddichte und optisch verlustarme Schnittstellen entwickelt und in die Module integriert. Die fluidischen und optischen Schaltkonzepte innerhalb der Backplanemodule sowie die Schnittstellen wurden als Gebrauchsmuster angemeldet [Brammer 2011a], [Brammer 2011c]. Das entwickelte modulare Konzept bietet die Möglichkeit, verschiedene optofluidische Analysesysteme mit untereinander kompatiblen Backplanemodulen aufzubauen und so Kosten zu sparen.

Zusammenfassung

Im Rahmen dieser Arbeit wurden mehrere untereinander kompatible Varianten der Backplanemodule entwickelt und als funktionsfähige Prototypen mit einer Grundfläche von 40×40 mm^2 umgesetzt und charakterisiert.

- Für die Ebene der mikrofluidischen Backplane wurden verschiedene Schaltkonzepte entwickelt, um Fluide variabel durch verschaltete Backplanemodule und darauf montierte Funktionsmodule leiten zu können. Die Abhängigkeit der Durchflusscharakteristik von den Dimensionen der Kanalstrukturen wurde in *COMSOL* simuliert. Die Simulationsergebnisse zeigen, dass hierfür die Geometrie der Ventilkammer dominierend ist und den höchsten fluidischen Widerstand verursacht. Für zwei ausgewählte Konzepte wurden in Prototypen die ausgelegten Kanalstrukturen in Kanalplatten aus COC (*TOPAS 6013*) spanend gefertigt und mit einer Deckelplatte materialschlüssig verbunden. Zur Verbindung der Platten wurde wegen der geringen Rüstkosten und der Möglichkeit, fluiddichte dünne Schweißnähte zu erzeugen, Lasertransmissionsschweißen aus verschiedenen mittels Zug- und Dichtheitstests charakterisierten Verbindungstechnologien ausgewählt. Für eine Schweißnaht von 0,4 mm konnte eine Dichtheit bis zu einer Druckdifferenz von über 10^7 Pa gezeigt werden.

- Auf die fluidische Kanalplatte wurden Mikroventile zur Schaltung von Fluiden montiert. Zur Integration von Mikroventilen in das Kanalsystem der fluidischen Kanalplatte wurden zwei alternative Konzepte entwickelt und für die Herstellung von Prototypen eingesetzt. Das eine Konzept sieht eine reversibel lösbare magnetische Kopplung vor, die aus einem im Ventil integrierten permanentmagnetischen Ring und einer auf der Kanalplatte montierten weichmagnetischen Platte besteht. Dieses Konzept wurde als Gebrauchsmuster angemeldet [Megnin 2012b]. Die Verbindung der Ventilanschlüsse mit den Anschlüssen der Kanalplatte wurde hierbei durch eine elastische Membran abgedichtet. Die Dichtheit konnte bis zu einer Druckdifferenz von $2{,}5 \cdot 10^5$ Pa nachgewiesen werden. Das zweite Verbindungskonzept basiert auf der Verschweißung des Ventilgehäuses auf der Kanalplatte, wobei die Ventilkammer direkt in die Kanalplatte strukturiert ist. Als Verbindungstechnologie haben sich Lasertransmissions- und Ultraschallschweißen als geeignet herausgestellt, wobei ersteres wegen der günstigen Rüstkosten bei der Herstellung der Prototypen eingesetzt wurde.

- Es konnte gezeigt werden, dass die auf der Kanalplatte montierten FGL-Mikroventile mit einer hierfür entwickelten Elektronik angesteuert werden können [Voigt 2011]. Die Elektronikplatine ist als weitere Ebene der Backplanemodule direkt oberhalb der Ebene der mikrofluidischen Backplane angeordnet. Zur manuellen Steuerung wurde eine rechnergestützte Benutzeroberfläche programmierten, mit der sowohl einzelne Ventile als auch entsprechend der gewünschten Schaltzustände mehrere Ventile gleichzeitig angesteuert werden können. Durch das vom integrierten Mikrocontroller erzeugte pulsmodulierte Signal können die Ventile individuell in zehn Leistungsstufen gesteuert werden und somit verschiedenen Ventilvarianten gleichzeitig in einem Backplanemodul betrieben werden.

- Aufbauend auf den Ergebnissen der fluidischen Simulationen und den technologischen Voruntersuchungen wurden die entwickelten Konzepte für die gezielte Leitung der Fluide in Prototypen umgesetzt und charakterisiert. Die Ergebnisse der Messungen mit Wasser zeigen je nach Schaltstellung und Variante der FGL-Mikroventile [Megnin 2012a] eine Durchflussrate von 6 - 10 ml/min bei einer an den Anschlüssen eines Moduls anliegenden Druckdifferenz von 10^5 Pa. Es konnte gezeigt werden, dass durch die zehnstufige Leistungssteuerung der Ventile die Durchflussrate gesteuert werden kann.

- Zur mechanischen Verbindung der Module und fluiddichten Kopplung der Fluidkanäle in den Schnittstellen wurde eine reversibel lösbare magnetische Kopplung entwickelt, die aus einem permanentmagnetischen Stecker und einer weichmagnetischen Buchse aufgebaut ist. Die mittels Simulationen in *FEMM* ausgelegten Magnetkräfte verpressen bei der Verbindung zweier Module die elastischen Dichtelemente der fluidischen Kopplung. Für die hergestellte Kopplung konnte eine Dichtheit bis zu einer fluidischen Druckdifferenz von $24 \cdot 10^5$ Pa nachgewiesen werden.

- Zur Leitung von Licht zu den Funktionsmodulen wurde eine zur Ebene der mikrofluidischen Backplane kompatible Ebene der optischen Backplane entwickelt. In der optischen Backplane kann Licht durch Polymerfasern geleitet werden, die durch optische Schalter miteinander gekoppelt sind. Zunächst wurden verschiedene Schaltkonzepte entwickelt und mittels strahlenoptischer Simulationen in *ZEMAX* ausgelegt. Aus den Schaltkonzepten wurden die drei den Anforderungen am ehesten entsprechenden ausgewählt, umgesetzt und charakterisiert, eins basierend auf einem linear angetriebenen optischen Schalter und zwei basierend auf einem steuerbaren MEMS-Spiegel.

- Für die optischen Backplanemodule wurde ein linear angetriebener optischer Schalter aus vier rückseitig verspiegelten Prismen, einem transparenten Würfel und einer verspiegelten Pyramide zusammengesetzt. Der optische Schalter wurde als Patent angemeldet [Brammer 2010]. Die Pyramide wurde spanend hergestellt und anschließend mit Al bedampft. Als Aktor wurde ein Mikromotor mit Spindel (*Faulhaber 0308B, 03AS3*) eingesetzt, der die mit einem Linearlager (*IKO LWL1*) verbundenen optischen Elemente abhängig von den gewählten Schaltstellungen innerhalb von 1 - 2,75 s positioniert. Der Motor kann mit einer hierfür entwickelten und in die Ebene der optischen Backplane integrierten Elektronik gesteuert werden. Beim Betrieb mit einer Laserdiode, die über eine Linse an eine Faser gekoppelte wurde, konnte eine von der Schaltstellung abhängige Kopplungseffizienz von 44 - 57 % nachgewiesen werden. Beim Betrieb mit an die Eingangsfaser angekoppelten LED wurde eine Effizienz von 17 - 40 % ermittelt. Bei der Zusammenschaltung von zwei optischen Backplane-modulen in Reihe konnte im Betrieb mit einer Laserdiode keine Änderung der Kopplungseffizienz der Einzelmodule beobachtet werden. Im Betrieb mit einer LED stieg die ermittelte Effizienz im zweiten und dritten Modul auf 25 - 42 %. Dieser Effekt kann auf die Abnahme höher divergenter Anteile des Lichts zurückgeführt werden, die durch die Fokussierung des Lichts aus der Laserdiode geringer ausfallen.

- Zwei alternative optische Schaltkonzepte auf der Basis eines um zwei Achsen ablenkbaren MEMS-Spiegels (*Sercalo Microtechnology*) wurden entwickelt und getestet. Hierbei stellte sich die Variante als vorteilhaft heraus, bei der das Licht über eine mit Al verspiegelte Pyramide zwischen den horizontal ausgerichteten optischen Fasern auf den MEMS-Spiegel abgelenkt wird. Die gemessene Kopplungseffizienz im Betrieb mit einer Laserdiode betrug bei einer Schaltzeit von unter 20 ms 18,8 % für die horizontale Schaltstellung und 6,4 % für die vertikale Schaltstellung. Für den Betrieb mit einer LED ergaben sich die Werte 12,9 % und 4,5 %. Die Prototypen dieser Variante sind kompatibel mit der Variante des linear angetriebenen Schalters, da die gleichen optischen Fasern und Kopplungen verwendet wurden.

- Für die verlustarme Kopplung der optischen Fasern zwischen den Modulen wurden gabelförmige Faserhalter entwickelt, die sich an schrägen Flächen mechanisch automatisch zueinander ausrichten. Diese Kopplung wurde als Patent angemeldet [Brammer 2011d]. Als Kopplungseffizienz konnten je nach Lichtquelle mit Einsatz von Brechungsindexgel Werte von 91 - 93 % und ohne Einsatz von Gel 89 - 91 % gezeigt werden.

- Die Prototypen der Backplane wurden mit verschiedenen hier entwickelten Funktionsmodulen getestet. Zum einen wurden Sensormodule mit integriertem Miniaturspektrometer (*Hamamatsu C10988MA* und *Ocean Optics STS-VIS25-400*) oder Farbsensor (*MAZeT MTCS-C2, Jencolor Colorimeter 2*) konstruiert. Zum anderen wurde ein Versorgungsmodul mit integrierten Mikropumpen (*Bürkert 7604*), einem fluidischen Mischer und wahlweise Laserdioden oder LEDs als Lichtquellen konstruiert und umgesetzt. Verschiedene Messungen an den mit der Backplane zusammengeschalteten Funktionsmodulen wurden demonstriert. So konnten im Fluid gelöste Farbstoffe nachgewiesen werden.

Ausblick

Die Charakterisierung des im Rahmen dieser Arbeit entwickelten modularen Systemkonzepts zeigt die Möglichkeit auf, eine untereinander kompatible Produktfamilie von optofluidischen Analysesystemen aufzubauen. Um dieses Ziel zu erreichen, müssen mehrere Voraussetzungen geschaffen werden.

- Die Schnittstellen der Module müssen zueinander kompatibel sein, um variabel zusammengeschaltet werden zu können. Die im Rahmen dieser Arbeit entwickelten Modulkopplungen erfüllen diese Vorgaben. (1) Die beiden Varianten der mikrofluidischen Backplane, die entweder eine zweidimensionale oder dreidimensionale Zusammenschaltung der Module ermöglichen, können miteinander kombiniert werden. Hierbei muss nur beachtet werden, dass die Module mit zweidimensionaler Backplane keine direkte Verbindung zu oberhalb oder unterhalb angeordneten Backplanemodulen haben, aber eine indirekte Verbindung über Nachbarmodule möglich ist. (2) Die beiden als Prototypen umgesetzten Varianten der optischen Backplane sind ebenfalls miteinander kompatibel, da hierfür die gleichen optischen Fasern und optischen Kopplungen verwendet wurden.

- Die Backplanemodule müssen kostengünstig hergestellt werden können. Das hier entwickelte Konzept bietet mehrere Möglichkeiten, die Fertigungskosten des Produkts zu senken. (1) Eine Kostensenkung ist durch die Verwendung von Modulen mit reduzierter Funktionalität möglich. So lassen sich Module mit fest eingeprägten oder manuell schaltbaren Wegen realisieren. (2) Da die mikrofluidische und die optische Ebene zueinander kompatibel sind, aber unabhängig voneinander umgesetzt werden können, ist es möglich, die Ebenen nacheinander in Serie zu bringen. Dadurch lassen sich Kapazitäten sparen, die Entwicklungskosten auf einen längeren Zeitraum verteilen und so das unternehmerische Risiko reduzieren.

- Die Funktionsmodule müssen kostengünstig und in ausreichender Auswahl und Qualität vorhanden sein, um in verschiedenen Anwendungsbereichen eingesetzt werden zu können. Die Anforderungen an die Funktionsmodule können sich je nach Anwendung, wie beispielsweise Trinkwasseranalyse oder Gaschromatographie, stark unterscheiden. Eine besondere Herausforderung ist die Herstellung qualitativ hochwertiger Funktionsmodule in der notwendigen kleinen Baugröße. Beispielsweise sind Spektrometer mit einem kleinen Gitter in ihrer Auflösung und Empfindlichkeit begrenzt.

- Die in die Backplane integrierten Bauelemente müssen hergestellt oder bezogen werden können. Abhängig ist das System insbesondere von der Verfügbarkeit der Mikroventile und der optischen Schalter. (1) Die Mikroventile werden in großer Zahl benötigt und müssen daher kostengünstig herstellbar sein. Die Eignung zur Serienfertigung muss sich hier noch bewähren. (2) Während die für den linear angetriebenen optischen Schalter eingesetzten Bauelemente Serienprodukte sind, muss sich eine Serienfertigung von statisch steuerbaren MEMS-Spiegeln noch durchsetzen. Die Aussicht auf einen Massenabsatz motiviert zwar zu Investitionen in deren Weiterentwicklung [Yole 2011], da der Aufwand aber hoch und technologisch noch nicht ausgereift ist, bleibt hier ein Restrisiko.

Eine weitere Miniaturisierung des Systems würde die Möglichkeit bieten, die Einsatzgebiete zu erweitern. Zum einen könnte das System dadurch noch kompakter und portabler sein, um noch einfacher individuelle Untersuchungen vor Ort durchführen zu können. Zum anderen könnten die Antwortzeiten und der Fluidverbrauch des Systems aufgrund verkürzter Kanallängen reduziert werden. Die im Rahmen dieser Arbeit entwickelten Bauelemente können bis zu bestimmten Grenzen miniaturisiert werden.

- Zur Miniaturisierung der Ebene der mikrofluidischen Backplane müssen insbesondere die Mikroventile einen geringeren Bauraum einnehmen. Wenn die Durchflusscharakteristik gleich bleiben soll, darf die Größe des Aktors nicht verändert werden. Stattdessen kann die Baugröße der Kopplung und des Gehäuses verringert werden. (1) Die im Rahmen dieser Arbeit entwickelte magnetische Ventilkopplung ist bereits weitestgehend in ihrer Baugröße optimiert (Durchmesser von 8 mm und eine Höhe von 4 mm), wenn die gleichen fluidischen Drücke geschaltet werden sollen. Für eine kompaktere Bauweise bietet sich also insbesondere die in der vorliegenden Arbeit ebenfalls entwickelte Verbindung durch Lasertransmissionsschweißen an. Zwar liegt die minimale laterale Ausdehnung ebenfalls bei einem Durchmesser von etwa 8 mm, aber die Höhe der Mikroventile kann wie gezeigt auf 2 mm realisiert werden. (2) Um die laterale Ausdehnung noch weiter zu verringern, kann statt der einzelnen Ventile eine einzige strukturierte Aktorfolie und ein einziges Gesamtgehäuse auf der fluidischen Kanalplatte montiert werden. Mit dieser Konstruktion könnte die zweidimensionale mikrofluidische Backplane in einer Größe von $20 \times 20 \times 6 \text{ mm}^3$ realisiert werden, ohne die Kanalquerschnitte ändern zu müssen ($26 \times 26 \times 8 \text{ mm}^3$ für die dreidimensionale Backplane).

- Die Ebene der optischen Backplane kann ebenfalls kompakter hergestellt werden. Die laterale Ausdehnung kann für beide hier entwickelten Schaltkonzepte auf etwa $20 \times 20 \text{ mm}^2$ verringert werden. (1) Die minimale Höhe kann beim linear angetriebenen Schalter reduziert werden, indem eine horizontale oder rotatorische Aktorbewegung mechanisch in eine vertikale Linearbewegung des Spiegelaufbaus übersetzt wird. Alternativ könnte die in Tabelle 4.1 als Schaltkonzept A1 dargestellte dreiteilige Aktorik eingesetzt werden, wodurch sich allerdings der Aufwand für die elektronische Steuerung erhöht. (2) Besser geeignet für eine Miniaturisierung ist der im Rahmen dieser Arbeit entwickelte MEMS-Spiegel Schalter. Diese Umsetzung setzt allerdings voraus, dass die MEMS-Spiegel derart weiterentwickelt werden, dass ein größerer mechanischer Auslenkwinkel erreichbar ist. Ein größerer Winkel würde nicht nur eine weitere

Miniaturisierung ermöglichen, sondern auch die Kopplungseffizienz des Schalters erhöhen und deren Abhängigkeit von Fertigungstoleranzen verringern. Nach Simulationen in *ZEMAX* würde eine Erhöhung des Auslenkwinkels von $\pm\,5°$ auf $\pm\,15°$ die Bauhöhe um 6 mm verringern und die Kopplungseffizienz um etwa 10 % erhöhen. Zudem wäre der Aufbau robuster gegenüber Fertigungstoleranzen (Anhang, Abbildung A.3). Diese Weiterentwicklung kann als aussichtsreich angesehen werden, da für die Spiegel generell ein großer Markt in vielen Anwendungsbereichen prognostiziert wird [Yole 2011]. So werden MEMS-Spiegel bereits mit steigender Tendenz in Massenmärkten wie der Unterhaltungselektronik eingesetzt.

- Die im Rahmen dieser Arbeit entwickelten Schnittstellen, die magnetische, die fluidische und die optische Kopplung, sind skalierbar und können bis zu einer Untergrenze in kleineren Ausführungen hergestellt werden. (1) Die Grenze der Miniaturisierung der magnetischen Kopplung ist durch die nötige Kraft zur Verbindung der Module vorgegeben. Da die vom fluidischen Druck auftretenden Druckkräfte mit der Fläche skalieren, die Magnetkraft aber näherungsweise mit dem Volumen, ergibt sich hier eine Untergrenze. Zudem muss die mechanische Stabilität der Verbindung sichergestellt werden. Unter Annahme eines gleichbleibenden Kanalquerschnitts, wurde hier experimentell eine minimale Baugröße pro Schnittstelle von etwa $4 \times 4 \times 4\ \text{mm}^3$ ermittelt, um bis etwa $2 \cdot 10^5$ Pa fluidische Dichtheit sicherzustellen. (2) Für die fluidische Kopplung auf der Basis von Dichtmembranen ergibt sich eine Untergrenze durch die Fertigungstoleranzen und die Ausdehnung des Materials. Innerhalb dieser Toleranzen muss das modulare System als Spielpassung ausgelegt sein, um eine mechanische Überbestimmung und somit Materialspannungen zu verhindern. Die Dichtmembran muss mindestens diese Toleranzen ausgleichen können, um fluiddicht zu sein. Da die experimentell ermittelte Dichtwirkung bei einer Stauchung von etwa 20 - 40 % möglich ist, sollte die Dicke der Membran mindestens zehnmal so groß wie die Toleranzen sein. Realistisch sind hierbei Membranen mit einer minimalen Dicke und Breite von je 0,2 mm. (3) Wenn bei der Miniaturisierung der optischen Kopplung optische Fasern mit kleinerem Kerndurchmesser eingesetzt werden, steigen die zu erwartenden Kopplungsverluste. Entscheidend sind hierbei insbesondere die Fertigungstoleranzen und die mechanische Stabilität der gabelförmigen Faserstecker. Bei der Verwendung von Polymermaterialien sind Durchmesser von etwa 2 mm und größer geeignet. Hierbei können Fasern mit bis zu 0,5 mm Durchmesser eingesetzt werden und eine Dichtmembran für den Einsatz von Brechungsindexgel integriert werden.

- Unter Berücksichtigung der Baugröße der Einzelkomponenten könnte die Gesamtbaugröße der hier entwickelten Backplanemodule auf etwa $20 \times 20 \times 20\ \mathrm{mm}^3$ reduziert werden, wenn für die Ebene der optischen Backplane eine weiterentwickelte Version des MEMS-Spiegels mit einer mechanischen Auslenkung von $\pm\,15°$ eingesetzt wird.

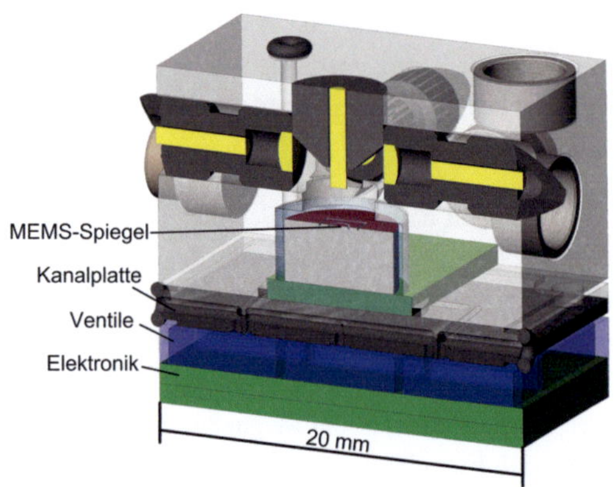

Abbildung 6.1: CAD-Modell eines miniaturisierten Backplanemoduls auf Basis der im Rahmen dieser Arbeit entwickelten Konzepte mit einer Größe von $20 \times 20 \times 20\ \mathrm{mm}^3$.

Vielversprechende Anwendungsgebiete für die im Rahmen dieser Arbeit entwickelte Backplane bieten sich insbesondere in der Umwelt- und Prozessanalyse an. Beispiele hierfür sind die Wasser- oder im Speziellen die Trinkwasser- und Getränkeanalyse. So lassen sich beispielsweise Nitrat, Phosphat oder Chlor mit Detektionsverfahren wie der Fließinjektionsanalyse nachweisen. In Kombination mit den entwickelten Backplanemodulen kann hierfür mit Licht verschiedener Wellenlängen gemessen werden, wodurch die Fehleranfälligkeit der Messergebnisse sinkt [Suzuki 2003].

Darüber hinaus bieten sich Einsatzgebiete in der Biomedizin oder biologischen Prozessüberwachung an, solange die Fluidkanäle vom hindurchgeleiteten Analyt mit einfachen und günstigen Methoden gereinigt werden können. Beispielsweise müssen für einige Herstellungsprozesse biomedizinischer Produkte kontinuierlich oder regelmäßig der pH-Wert, die Trübung oder der Sauerstoffgehalt überprüft werden.

Viele optische Analysemethoden basieren auf der Interaktion der Moleküle im Fluid mit Licht im ultravioletten Spektralbereich. Beispielsweise werden zur Kontrolle von Wasseraufbereitung genormte Absorptionsmessungen sowohl bei 420 nm als auch bei 254 nm durchgeführt. Überschreitet die Absorption einen bestimmten Grenzwert kann auf eine hohe Konzentration an Stoffen im Wasser geschlossen werden, in denen

Bakterien und Viren gegen eine Reinigung mit Chlor geschützt sind [Höll 2010]. In den Prototypen der optischen Backplane wurden optische Fasern aus PMMA, sowie Linsen und Prismen aus Glas verwendet. Diese Materialien sind für sichtbare Wellenlängen transparent, für Wellenlängen unterhalb von 350 nm allerdings nicht. Für diese Wellenlängen müssen die optischen Elemente daher aus teurerem Quarzglas hergestellt werden. Die Al-Spiegel müssen mit SiO_2 beschichtet werden, um geringe Absorption aufzuweisen. Zudem ist nach Gleichung 2.26 die Reflektivität für gleiche Rauheiten geringer, als bei längeren Wellenlängen.

Neben der Analyse von Flüssigkeiten bietet sich das System für die Untersuchung von gasförmigen Analyten an. So wurde die mikrofluidische Backplane bereits erfolgreich mit Gasen getestet [Megnin 2012a], wobei keine Leckagen aufgetreten sind. In typischen Anwendungen der Gaschromatographie werden allerdings mitunter sehr hohe Temperaturen und Drücke eingesetzt, sodass die Bauteile für diese Einsatzgebiete teilweise angepasst werden müssten.

Eine Weiterentwicklung des Systems wäre im Hinblick auf die direkte Kombination aus mikrofluidischen und optischen Funktionen in eine integrierte optofluidische Backplane interessant. Infolgedessen würden sich neue Möglichkeiten der Interaktion zwischen Fluid und Licht ergeben. So würden flüssige Lichtquellen [Song 2010], [Vannahme 2010], Linsen [Zhang 2003], [Shi 2010], Lichtwellenleiter [Wolfe 2004], [Chung 2011] oder optofluidische Schalter [Groisman 2008], [Song 2011] die Regelung des optischen Signals durch die Steuerung des Fluidstroms ermöglichen. Eine elektrische Steuerung wäre hierbei nur für die fluidischen Komponenten nötig.

Im Hinblick auf eine industrielle Umsetzung bietet die hier ausgewählte Kombination aus unabhängig funktionsfähiger mikrofluidischer und optischer Unterebene aber die Möglichkeit anwendungsspezifische, konfigurierbare Analysesysteme anzubieten. Durch die Kombination verschiedener Backplanemodule, die aus standardisierten Komponenten aufgebaut sind, lassen sich so große Stückzahlen erreichen, auch wenn für die einzelnen Anwendungen nur geringe Stückzahlen benötigt werden. Mit den im Rahmen dieser Arbeit entwickelten Backplanemodulen mit integrierten modularen Schnittstellen lassen sich folglich die Entwicklungs- und Fertigungskosten einer Produktfamilie von Analysesystemen reduzieren.

Anhang

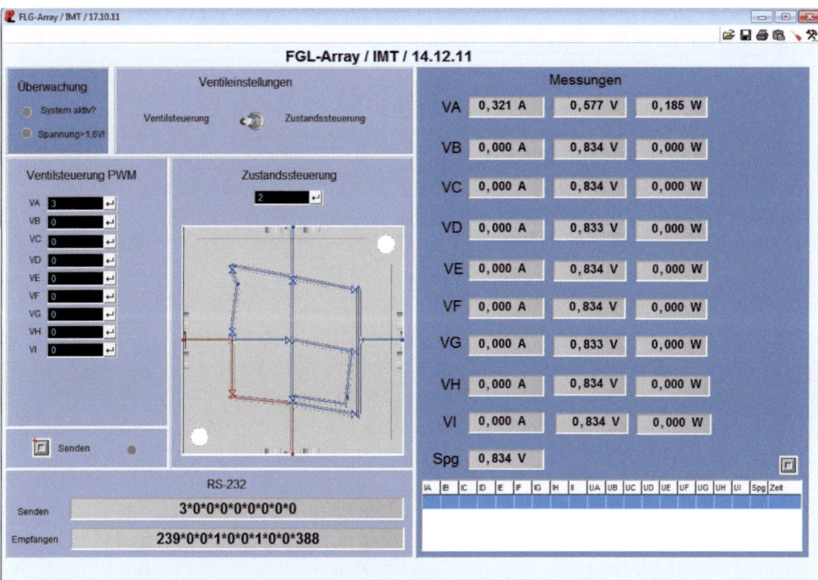

Abbildung A.1: Grafische Benutzeroberfläche des rechnergestützten Programms zur Ventil-steuerung. Auf der linken Seite ist die Eingabemaske, mit der entweder einzelne Ventile oder mehrere Ventile gleichzeitig geschaltet werden können, auf der rechten die gemessen Ströme und Spannungen der einzelnen Ventile aufgelistet.

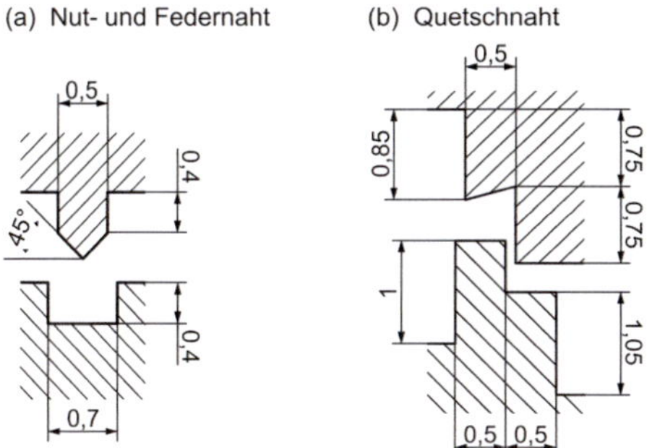

Abbildung A.2: Ermittelte geeignete Dimensionen der Schweißnähte für das Ultraschall-schweißen. (a) Nut- und Federnaht. (b) Quetschnaht.

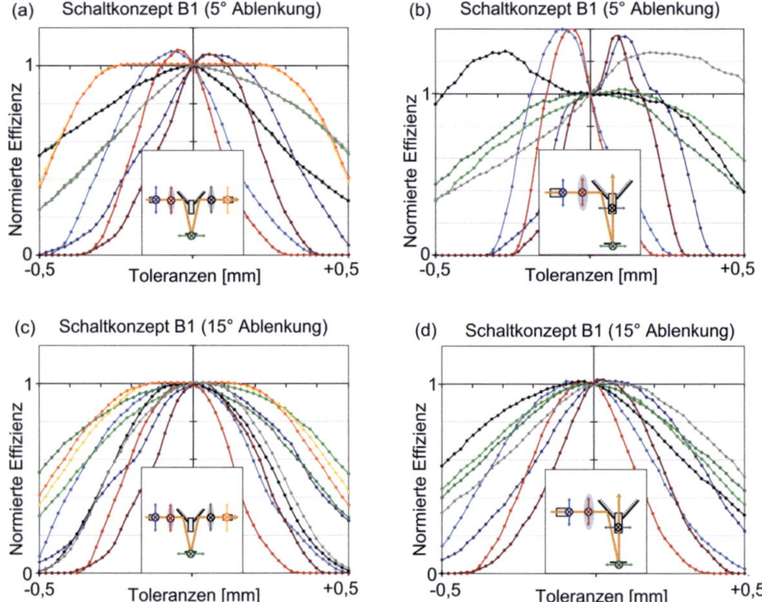

Abbildung A.3: Simulationsergebnisse der Kopplungseffizienz als Funktion von Positions-toleranzen für das Schaltkonzept B1 mit MEMS-Spiegel Schalter und Ablenkspiegel für verschiedene maximale mechanische Auslenkwinkel des MEMS-Spiegels. Normierte Kopplungseffizienz als Funktion der in den Nebenbildern dargestellten Positionstoleranzen der einzelnen optischen Elemente. Die Toleranzen in der Zeichnungsebene wurden als Pfeile und die Toleranzen senkrecht zur Zeichnungsebene als Kreuz dargestellt. (a,b) Schaltkonzept mit maximalem Auslenkwinkel des MEMS-Spiegels von ± 5° (entsprechend des umgesetzten Prototyps, Abbildung 4.9). (c,d) Schaltkonzept mit maximalem Auslenkwinkel des MEMS-Spiegels von ± 15°. Einzelwerte.

Literaturverzeichnis

[Abgrall 2007]   P. Abgrall and A.-M. Gué, „Lab-on-chip technologies: making a microfluidic network and coupling it into a complete microsystem - a review", *J. Micromech. Microeng.* **17**, R15-R49 (2007).

[Ahmadian 2011]   A. Ahmadian and H. A. Svahn, „Massively parallel sequencing platforms using lab on chip technologies", *Lab Chip* **11**, 2653-2655 (2011).

[Armani 2007]   A. M. Armani, R. P. Kulkarni, S. E. Fraser, R. C. Flagan and K. J. Vahala, „Label-Free, Single-Molecule Detection with Optical Microcavities", *Science* **317**, 783-787 (2007).

[Arora 2010]   A. Arora, G. Simone, G. B. Salieb-Beugelaar, J. T. Kim, and A. Manz, „Latest Developments in Micro Total Analysis Systems", *Anal. Chem.* **82**, 4830-4847 (2010).

[Bakeev 2010]   K. A. Bakeev, „Process analytical technology", *Blackwell*, Oxford, UK, 2. Aufl. (2010).

[Barth 2011]   J. Barth, C. Megnin, and M. Kohl, „A Bistable Shape Memory Alloy Microvalve With Magnetostatic Latches", *J. Microelectromech. S.* **21**, 76-84 (2012).

[Becker 2008]   H. Becker, C. Gärtner, „Polymer microfabrication technologies for microfluidic systems", *Anal. Bioanal. Chem.* **390**, 89-111 (2008).

[Becker 2009]   H. Becker, „Hype, hope and hubris: the quest for the killer application in microfluidics", *Lab Chip* **9**, 2119-2122 (2009).

[Beggs 2009]   D. M. Beggs, T. P. White, L. Cairns, L. O'Faolain, and T. F. Krauss „Ultrashort Photonic Crystal Optical Switch Actuated by a Microheater", *IEEE Photon. Technol. Lett.* **21**, 24-26 (2009).

[Berthier 2012]   E. Berthier, E. W. K. Young, and D. Beebe, „Engineers are from PDMS-land, Biologists are from Polystyrenia", *Lab Chip* **12**, 1224-1237 (2012).

[BMBF 2010]   Bundesministerium für Bildung und Forschung, „Agenda Photonik 2020", *Richtlinien zur Förderung von Forschung und Entwicklung*, Optische Technologien (2010).

[Bohl 2008]   W. Bohl, W. Elmendorf, „Technische Strömungslehre", *Vogel Verlag*, Würzburg, 14. Aufl. (2008).

[Boone 2002]   T. D. Boone, Z. H. Fan, H. H. Hooper, A. J. Ricco, H. Tan, and S. J. Williams, „Plastic Advances Microfluidic Devices", *Anal. Chem.* **1**, 78A-86A (2002).

[Brammer 2010]   M. Brammer, T. Mappes, „Opto-mechanische Weiche", *Gebrauchsmuster* DE202010006536 (7.5.2010), *Patentanmeldung* DE102011100720, US20110273703, CH201110121658 (2011).

[Brammer 2011a]   M. Brammer, T. Mappes, „Fluidmoduleinheit sowie Fluid-Modulsystem und Fluidanalysegerät mit mehreren Fluidmoduleinheiten", *Gebrauchsmuster* DE202011104962 (24.8.2011).

[Brammer 2011b]   M. Brammer, C. Megnin, T. Parvanta, M. Siegfarth, T. Mappes, and D. G. Rabus, „A modular microfluidic backplane for control and interconnection of optofluidic devices", *IEEE Winter Topicals*, 10.-12.01.2011, Keystone, Colorado, USA, 101-102 (2011).

[Brammer 2011c]   M. Brammer, C. Megnin, T. Mappes, „Moduleinheit und Fluid-Analyseeinheit", *Gebrauchsmuster* DE202011104963 (24.8.2011).

[Brammer 2011d]   M. Brammer, M. Siegfarth, T. Mappes, „Lichtwellenleiterkupplung", *Gebrauchsmuster* DE202011003983 (15.3.2011), *Patentanmeldung* DE102012004656, CH201210066126, US13421485 (2012).

[Brammer 2012]   M. Brammer, C. Megnin, A. Voigt, M. Kohl, and T. Mappes, „Modular Optoelectronic Microfluidic Backplane for Fluid Analysis Systems", *J. Microelectromech. S.*, eingereicht.

[Bruus 2008]   H. Bruus, „Theoretical Microfluidics", *Oxford University Press*, Oxford, UK (2008).

[Carlborg 2010]   C. F. Carlborg, K. B. Gylfason, A. Kazmierczak, F. Dortu, M. J. B. Polo, A. M. Catala, G. M. Kresbach, H. Sohlström, T. Moh, L. Vivien, J. Popplewell, G. Ronan, C. A. Barrios, G. Stemme and W. v. d. Wijngaart, „A packaged optical slot-waveguide ring resonator sensor array for multiplex label-free assays in labs-on-chips", *Lab Chip* **10**, 281-290 (2010).

[Chakrabarty 2010] K. Chakrabarty, R. B. Fair, and J. Zeng, „Design Tools for Digital Microfluidic Biochips: Toward Functional Diversification and More than Moore", *IEEE Trans. Comput. Aided Des. Integrated Circ. Syst.* **29**, 1001-1016 (2010).

[Chase 1991]   K. W. Chase and A. R. Parkinson, „A Survey of Research in the Application of Tolerance Analysis to the Design of Mechanical Assemblies", *Res. Eng. Des.* **3**, 23-37 (1991).

[Chin 2011]   C. D. Chin, T. Laksanasopin, Y. K. Cheung, D. Steinmiller, V. Linder, H. Parsa, J. Wang, H. Moore, R. Rouse, G. Umviligihozo, E. Karita, L. Mwambarangwe, S. L. Braunstein, J. van de Wijgert, R. Sahabo, J. E. Justman, W. El-Sadr, and S. K. Sia, „Microfluidics-based diagnostics of infectious diseases in the developing world", *Nat. Med.* **17**, 1015-1019 (2011).

[Chin 2012]   C. D. Chin, V. Linder and S. K. Sia, „Commercialization of microfluidic point-of-care diagnostic devices", *Lab Chip* **12**, 2118-2134 (2012).

[Choi 2006]   C. J. Choi and B. T. Cunningham, „Single-step fabrication and characterization of photonic crystal biosensors with polymer microfluidic channels", *Lab Chip* **10**, 1373-1380 (2006).

[Christensen 2005] A. M. Christensen, D. A. Chang-Yen, and B. K. Gale, „Characterization of interconnects used in PDMS microfluidic systems", *J. Micromech. Microeng.* **15**, 928-934 (2005).

[Christiansen 2009] M. B. Christiansen, J. M. Lopacinska, M. H. Jakobsen, N. A. Mortensen, M. Dufva, A. Kristensen, „Polymer photonic crystal dye lasers as Optofluidic Cell Sensors", *Opt. Express* **17**, 2722-2730 (2009).

[Chung 2011]   A. J. Chung and D. Erickson, „Optofluidic waveguides for reconfigurable photonic systems", *Opt. Express* **19**, 8602-8609 (2011).

[Coey 1996]   J. M. D. Coey (Editor), „Rare Earth Iron Permanent Magnets", *Oxford University Press*, Oxford, UK (1996).

[Datta 2007]   P. Datta, „Modular, polymeric development platform for microfluidic applications", *Dissertation*, Universität Karlsruhe (2007).

[Early 1989]   R. Early and J. Thompson, „Variation Simulation Modeling - Variation Analysis Using Monte Carlo Simulation", *Failure Prevention and Reliability* **16**, 139-144 (1989).

[Eberlein 2005]   D. Eberlein, „Lichtwellenleiter-Technik", *expert Verlag*, Renningen, 8. Aufl. (2005).

[Fainman 2009]   Y. Fainman, L. P. Lee, D. Psaltis, C. Yang, „Optofluidics: Fundamentals, Devices, and Applications", *McGraw-Hill*, New York, USA (2009).

[Fair 2007]   R. B. Fair, „Digital microfluidics: Is a true lab-on-a-chip possible?", *Microfluid. Nanofluid.* **3**, 245-281 (2007).

[Fan 2008]   X. Fan, I. M. White, S. I. Shopova, H. Zhu, J. D. Suter, and Y. Sun, „Sensitive optical biosensors for unlabeled targets: A review", *Anal. Chim. Acta* **602**, 8-26 (2008).

[Fan 2011]   X. Fan and I. M. White, „Optofluidic microsystems for chemical and biological analysis", *Nat. Photon.* **5**, 591-597 (2011).

[Fiorini 2005]   G. S. Fiorini and D. T. Chiu, „Disposable microfluidic devices: fabrication, function, and application", *BioTechniques* **38**, 429-446 (2005).

[Frost 2004]   Frost and Sullivan, „Lab on a Chip (LOC) - Advances in Micro-fluidics", *Marktanalyse*, www.frost.com (2004).

[Glaser 1997]   W. Glaser, „Photonik für Ingenieure", *Verlag Technik*, Berlin, 1. Aufl. (1997).

[Gonzalez 1998]   C. González, S. D. Collins, and R. L. Smith, „Fluidic Interconnects for Modular Assembly of Chemical Microsystems", *Sens. Actuators B* **49**, 40-45 (1998).

[Goos 1947]   F. Goos und H. Hänchen, „Ein neuer und fundamentaler Versuch zur Totalreflexion", *Ann. Phys.* **436**, 333-346 (1947).

[Graf 1999]   J. Graf, „Entwicklung und Untersuchungen zur Herstellung verlustarmer passiver Wellenleiter und verstärkender Wellenleiter", *Dissertation*, Universität des Saarlandes (1999).

[Gravesen 1993]   P. Gravesen, J. Branebjerg, and O. S. Jensen, „Microfluidics - a review", *J. Micromech. Microeng.* **3**, 143-164 (1993).

[Gross 2003]   D. Gross, W. Hauger, W. Schnell, „Technische Mechanik 1: Statik", *Springer Verlag*, Berlin, 7. Aufl. (2003).

[Grossmann 2010]   T. Grossmann, S. Schleede, M. Hauser, M. B. Christiansen, C. Vannahme, C. Eschenbaum, S. Klinkhammer, T. Beck, J. Fuchs, G. U. Nienhaus, U. Lemmer, A. Kristensen, T. Mappes, and H. Kalt, „Low-threshold conical microcavity dye laser", *Appl. Phys. Lett.* **97**, 063304-3 (2010).

[Groisman 2008]   A. Groisman, S. Zamek, K. Campbell, L. Pang, U. Levy, and Y. Fainman, „Optofluidc 1x4 Switch", *Opt. Express* **16**, 13499-13508 (2008).

[Grund 2009]   T. Grund, C. Megnin, J. Barth, and M. Kohl, „Batch Fabrication of Shape Memory Actuated Polymer Microvalves by Transfer Bonding Techniques", *J. Micro. Elect. Pack.* **6**, 219-227 (2009).

[Hass 1982]   G. Hass, „Reflectance and preparation of front-surface mirrors for use at various angles of incidence from the ultraviolet to the far infrared", *J. Opt. Soc. Am.* **72**, 27-40 (1982).

[Hawkins 2010]   A. R. Hawkins, H. Schmidt, „Handbook of Optofluidics", *CRC Press*, Boca Raton, FL, USA (2010).

[Hecht 2009]   E. Hecht, „Optics", *Addison-Wesley*, Boston, USA, 4. Aufl. (2002).

[Höll 2010]   K. Höll, R. Niesser, „Wasser: Nutzung im Kreislauf: Hygiene, Analyse und Bewertung", *De Gruyter*, Berlin, 9. Aufl. (2010).

[Homola 2008]   J. Homola, „Surface plasmon resonance sensors for detection of chemical and biological species", *Chem. Rev.* **108**, 462-493 (2008).

[Jackson 2007]   M. J. Jackson, „Micro and nanomanufacturing", *Springer Verlag*, Berlin, 1. Aufl. (2007).

[Kießling 2007]   T. Kießling, „Quasistatisch auslenkbarer Kippspiegel zur Ablenkung von Licht", *Dissertation*, Technische Universität Dresden (2007).

[Kohl 2002]   M. Kohl, „Shape Memory Microactuators", *Springer Verlag*, Berlin (2004).

[Kovarik 2012]   M. L. Kovarik, P. C. Gach, D. M. Ornoff, Y. Wang, J. Balowski, L. Farrag, and N. L. Allbritton, „Micro Total Analysis Systems for Cell Biology and Biochemical Assays", *Anal. Chem.* **84**, 516-40 (2012).

[Krujatz 2003]   J. Krujatz, „Herstellung von Spiegelschichtsystemen auf der Basis von Aluminium oder Silber für den Einsatz in der Mikrosystemtechnik", *Dissertation*, Technische Universität Chemnitz (2003).

[Krulevitch 2002] P. Krulevitch, W. Benett, M. Maghribi, and K. Rose, „Polymer-Based Packing Platform for Hybrid Microfluidic Systems", *Biomed. Microdevices* **4**, 301-308 (2002).

[Langelier 2011]   S. M. Langelier, E. Livak-Dahl, A. J. Manzo, B. N. Johnson, N. G. Walter, and M. A. Burns, „Flexible casting of modular self-aligning microfluidic assembly blocks", *Lab Chip* **11**, 1679-1688 (2011).

[Ligler 2009]   F. S. Ligler, „Perspectives on optical biosensors and integrated sensor systems", *Anal. Chem.* **81**, 519-526 (2009).

[Lin 1998]   L. Y. Lin,   E. L. Goldstein,   and   R. W. Tkach,   „Free-space micromachined optical switches with submillisecond switching time for large-scale optical crossconnects", *IEEE Photon. Technol. Lett.* **10**, 525-527 (1998).

[Lo 2011]   R. Lo and E. Meng, „Reusable, adhesiveless and arrayed in-plane microfluidic interconnects", *J. Micromech. Microeng.* **21**, 025021-025035 (2011).

[Ma 2002]   H. Ma, A. K.-Y. Jen, and L. R. Dalton, „Polymer-based optical waveguides: Materials, processings, and devices", *Adv. Matter.* **19**, 1339-1365 (2002).

[Manz 1990a]   A. Manz, N. Graber and H. Widmer, „Miniaturized total chemical analysis systems: a novel concept for chemical sensing", *Sens. Acuators B* **1**, 244-248 (1990).

[Manz 1990b]   A. Manz, Y. Miyahara, J. Miura, Y. Watanabe, H. Miyagi, and K. Sato, „Design of an open-tubular column liquid chromatograph using silicon chip technology", *Sens. Actuators B* **1**, 249-255 (1990).

[Matsuura 1987]   Y. Matsuura, M. Sagawa, S. Fujimura, „Permanent Magnet Materials", *Patent* US4684406 (1987).

[McDonald 2000]   J. C. McDonald, D. C. Duffy, J. R. Anderson, D. T. Chiu, H. Wu, O. J. A. Schueller, G. M. Whitesides, „Fabrication of microfluidic systems in poly(dimethylsiloxane)", *Electrophoresis* **21**, 27-40 (2000).

[McDonald 2002]   J. C. McDonald and G. M. Whitesides, „ PDMS as a material for fabricating microfluidic devices", *Acc. Chem. Res.* **35**, 491-499 (2002).

[Megnin 2010]   C. Megnin, M. Brammer, J. Barth, „Fluidische Steckverbindung", *Gebrauchsmuster* DE202010001442 (27.1.2010).

[Megnin 2012a]   C. Megnin, M. Brammer, H. Luckert, and M. Kohl, „SMA Microvalves with Plug-in Interface for a Modular Fluidic Backplane", *Actuator*, 18.-20.6.2012, Bremen (2012).

[Megnin 2012b]   C. Megnin, M. Brammer, „Ventilstecker", *Gebrauchsmuster* DE202012001202 (7.2.2012).

[Menges 2002]   G. Menges, E. Haberstroh, W. Michaeli, E. Schmachtenberg „Werkstoffkunde Kunststoffe", *Hanser Verlag*, München (2002).

[Menz 2005]   W. Menz, J. Mohr, O. Paul, „Mikrosystemtechnik für Ingenieure", *Wiley-VCH*, Darmstadt, 3. Aufl. (2005).

[Miyazaki 1986]   S. Miyazaki and K. Otsuka, „Deformation and transition behavior associated with the R-phase in TiNi alloys", *Metall. Trans. A* **17A**, 53-63 (1986).

[Modasegh 2011]   B. Mosadegh, T. Bersano-Begey, J. Y. Park, M. A. Burns, and S. Takayama, „Next-generation integrated microfluidic circuits", *Lab Chip* **11**, 28*13*-2818 (2011).

[Mohr_2003]   J. A. Mohr, A. Last, U. Hollenbach, T. Oka, and U. Wallrabe, „A Modular Fabrication Concept for Microoptical Systems", *J. Lightwave Technol.* **21**, 643-647 (2003).

[Monat 2007]   C. Monat, R. Comachuk, and B. J. Eggleton, „Integrated optofluidics: A new river of light", *Nature Photon.* **1**, 106-114 (2007).

[Myers 2008]   F. B. Myers and L. P. Luke, „Innovations in optical microfluidic technologies for point-of-care diagnostics", *Lab Chip* **8**, 2015-2015 (2008).

[Nguyen 2006]   N.-T. Nguyen and S. T. Wereley, „Fundamentals and Applications of Microfluidics", *Artech House*, London, UK, 2. Aufl. (2006).

[Nittis 2001]   V. Nittis, R. Fortt, C. H. Legge and A. J. De Mello, „A high-pressure interconnect for chemical microsystem applications", *Lab Chip* **1**, 148-152 (2001).

[Oh 2006]   K. W. Oh and C. H. Ahn, „A review of microvalves," *J. Micromech. Microeng.* **16**, R13-R39 (2006).

[Ottesen 2006]   E. A. Ottesen, J. W. Hong, S. R. Quake, J. R. Leadbetter, „Micro-fluidics Digital PCR Enables Multigene Analysis of Individual Environmental Bacteria", *Science* **314**, 1464-1467 (2006).

[Papadea 2002]   C. Papadea, J. Foster, S. Grant, S. A. Ballard, J. C. Cate, W. M. Southgate and D. M. Purohit, „Evaluation of the i-STAT Portable Clinical Analyzer for Point-of-Care Blood Testing in the Intensive Care Units of a University Children's Hospital", *Ann. Clin. Lab. Sci.* **32**, 231-243 (2002).

[Parvanta 2010]   T. Parvanta, „Entwicklung und Konstruktion einer mikro-fluidischen Integrationsplatte", *Studienarbeit*, Karlsruher Institut für Technologie (2010).

[Perozziello 2006]   G. Perozziello, „Packaging of Microfluidic systems: A micro-fluidic Motherboard Integrating Fluidic and Optical Inter-connections", *Dissertation*, Technical University of Denmark (2006).

[Perozziello 2008]   G. Perozziello, F. Bundgaard, O. Geschke, „Fluidic inter-connections for microfluidic systems: A new integrated fluidic interconnection allowing plug 'n' play functionality", *Sens. Actuators B* **130**, 947-953 (2008).

[Perozziello 2010]   G. Perozziello, G. Simone, P. Candeloro, F. Gentile, N. Malara, R. Larocca, M. Coluccio, S. A. Pullano, L. Tirinato, O. Geschke, and E. Di Fabrizio, „A Fluidic Motherboard for Multiplexed Simultaneous and Modular Detection in Microfluidic Systems for Biological Application", *Micro Nanosystems* **2**, 227-238 (2010).

[Pfeiffer 2001]   P. Pfeiffer, P. Twardowski, P. Gerard, C. Mahadaux, „Diffractive optical switch", *Patent* WO2003046638 (2001).

[Pfleging 2006]   W. Pfleging and O. Baldus, „Laser patterning and welding of transparent polymers for microfluidic device fabrication", *Proc. SPIE* **6107**, 610705-12 (2006).

[Prakash 2007]   M. Prakash and N. Gershenfeld, „Microfluidic Bubble Logic", *Science* **315**, 832-835 (2007).

[Psaltis 2006]   D. Psaltis, S. R. Quake, and C. Yang, „Developing optofluidic technology through the fusion of microfluidics and optics", *Nature* **442**, 381-386 (2006).

[Rabus 2009]   D. G. Rabus, M. Winkler, C. Oberndorfer, „Lichtquelle für optische Messungen",. *Gebrauchsmuster* DE202009004334 (27.3.2009).

[Rao 2008]   L. V. Rao, B. A. Ekberg, D. Connor, F. Jakubiak, G. M. Vallaro, M. Snyder, „Evaluation of a new point of care automated complete blood count (CBC) analyzer in various clinical settings", *Clin. Chim. Acta* 389, 120-125 (2008).

[Rapp 2009]   B. E. Rapp, L. Carneiro, K. Länge, and M. Rapp, „An indirect microfluidic flow injection analysis (FIA) system allowing diffusion free pumping of liquids by using tetradecane as intermediary liquid", *Lab Chip* **9**, 354-356 (2009).

[Riesenberg 1987]   R. Riesenberg and G. Schmidt, „Black aluminium films", *Vacuum* **37**, 183-186 (1987).

[Rosato 2001]   D. V. Rosato, V. Donald, G. M. Rosato, „Injection Molding Handbook", *Springer Verlag*, Berlin, 3. Aufl. (2001).

[Ruzzo 2003]   A. C. M. Ruzzu, D. Haller, J. A. Mohr, and U. Wallrabe, „Optoelectromechanical switch array with passively aligned free space optical components", *J. Lightw. Technol.* **21**, 664-671 (2003).

[Saile 2009]   V. Saile, U. Wallrabe, O. Tabata, J. G. Korvink, „LIGA and its applications", *Wiley-VCH Verlag*, Hoboken, NJ, USA, 1. Aufl. (2008).

[Schüle 2010]   S. Schüle, „Modular adaptive mikrooptische Systeme in Kombination mit Mikroaktoren", *Dissertation*, Karlsruher Institut für Technologie (2010).

[Shi 2010]   J. J. Shi, Z. Stratton, S. C. S. Lin, H. Huang, and T. J. Huang, „Tunable optofluidic microlens through active pressure control of an air-liquid interface", *Microfluid. Nanofluid.* **9**, 313-318 (2010).

[Shin 2005]   J. Y. Shin, J. Y. Park, C. Liu, J. He, and S. C. Kim, „IUPAC Technical Report: Chemical structure and physical properties of cyclic olefin copolymers", *Pure Appl. Chem.* **77**, 801-814 (2005).

[Siegfarth 2010]   M. Siegfarth, „Entwicklung eines modularen optoelektronischen, mikrofluidischen Kopplungsmechanismus" *Studienarbeit*, Karlsruher Institut für Technologie (2010).

[Song 2010]   W. Song and D. Psaltis, „Pneumatically tunable optofluidic dye laser", *Appl. Phys. Lett.* **96**, 081101-3 (2010).

[Song 2011]   W. Song and D. Psaltis, „Pneumatically tunable optofluidic 2x2 switch for reconfigurable optical ciruit", *Lab Chip* **11**, 2397-2402 (2011).

[Steidle 2010]   N. Steidle, „Untersuchung und Bewertung verschiedener Fertigungsverfahren zur Herstellung von mikrofluidischen Bauelementen bezüglich industrieller Umsetzbarkeit", *Diplomarbeit*, Karlsruher Institut für Technologie (2010).

[Su 2004]   Y.-C. Su, J. Shah, and L. Lin, „Implementation and Analysis of Polymeric Microstructures Replication by Micro Injection Molding", *J. Micromech. Microeng.* **14**, 415-422 (2004).

[Suzuki 2003]   Y. Suzuki, H. Hori, M. Iwatsuki, and T. Yamane, „A Four-Wavelength Channel Absorbance Detector with a Light Emitting Diode-Fiber Optics Assembly for Simplifying the Flow-Injection Analysis System", *Anal. Sciences* **19**, 1025-1028 (2003).

[Thorsen 2002]   T. Thorsen, S. J. Maerkl, and S. R. Quake, „Microfluidic large-scale integration", *Science* **298**, 580-584 (2002).

[Tschätsch 2008]   H. Tschätsch, J. Dietrich „Praxis der Zerspantechnik", *Vieweg+Teubner*, Wiesbaden, 10. Aufl. (2011).

[Turton 2009]   R. Turton, „Analysis, synthesis, and design of chemical processes", *Prentice Hall*, Upper Saddle River, NJ, USA, 3. Aufl. (2009).

[Unger 2000]   M. A. Unger, H. P. Chou, T. Thorsen, A. Scherer, S. R. Quake, „Monolithic microfabricated valves and pumps by multilayer soft lithography", *Science* **288**, 113-116 (2000).

[Van Heeren 2012] H. van Heeren, „Standards for connecting microfluidic devices?", *Lab Chip* **12**, 1022-1025 (2012).

[Vannahme 2010] C. Vannahme, M. B. Christiansen, T. Mappes, and A. Kristensen, „Optofluidic dye laser in a foil", *Opt. Express* **18**, 9280-9285 (2010).

[Vannahme 2011] C. Vannahme, S. Klinkhammer, U. Lemmer, and T. Mappes, „Plastic lab-on-a-chip for fluorescence excitation with integrated organic semiconductor lasers", *Opt. Express* **19**, 8179-8186 (2011).

[VDMA 2003] Verband Deutscher Maschinen- und Anlagenbauer, „MatchX: Bausteine und Schnittstellen der Mikrotechnik", *VDMA-Einheitsblatt* **66305**, Industrieplattform Modulare Mikrosysteme (2003).

[Voigt 2011] A. Voigt, S. Zimmermann, M. Brammer, „Ansteuerelektronik für FGL-Ventilarray", *Bedienungsanleitung* (2011).

[Wallrabe 2002] U. Wallrabe, H. Dittrich, G. Friedsam, T. Hanemann, J. Mohr, K. Müller, V. Piotter, P. Ruther, T. Schaller, W. Zissler, „Micro-molded easy-assembly multi fiber connector: RibCon®", *Microsyst. Technol.* **8**, 83-87 (2002).

[West 2008] J. West, M. Becker, S. Tombrink, and A. Manz, „Micro total analysis systems: Latest achievements", *Anal. Chem.* **80**, 4403-4419 (2008).

[Whitesides 2006] G. M. Whitesides, „The origins and the future of microfluidics", *J. Micromech. Microeng.* **21**, 025021-025035 (2011).

[Wolfe 2004] D. B. Wolfe, R. S. Conroy, P. Garstecki, B. T. Mayers, M. A. Fischbach, K. E. Paul, M. Prentiss, and G. M. Whitesides, „Dynamic control of liquid-core/liquid-cladding optical waveguides", *Proc. Ntl Acad. Sci. USA* **101**, 12434-12438 (2004).

[Wolter 2004] A. Wolter, H. Schenk, E. Gaumont, H. Lakner, „MEMS microscanning mirror for barcode reading: from development to production", *Proc. SPIE* **5348**, 32-39 (2004).

[Worgull 2009]   M. Worgull, „Hot embossing", *William Andrew*, Oxford, UK, 1. Aufl. (2009).

[Worgull 2011]   M. Worgull, A. Kolew, M. Heilig, M. Schneider, H. Dinglreiter, B. Rapp, „Hot embossing of high performance polymers", *Microsyst. Technol.* **17**, 585-592 (2011).

[Yamamoto 2003]   T. Yamamoto, J. Yamaguchi, N. Takeuchi, A. Shimizu, E. Higurashi, R. Sawada, Y. Uenishi, „A three-dimensional MEMS optical switching module having 100 input and 100 output ports", *IEEE Photon. Technol. Lett.* **10**, 1360-1362 (2003).

[Yole 2011]   Yole Développement, „Emerging Markets For Microfluidic Applications", Marktanalyse, www.i-micronews.com (2011).

[Yu 2009]   Y. F. Yu, T. Bourouina, A. Q. Liu, „A micro-fluidic-optical switch using multi-droplet resonators array", *Transducers*, 21.-25.6.2009, Denver, CO, USA, 2011-2013 (2009).

[Yuen 2009]   P. K. Yuen, J. T. Bliss, C. C. Thompson, and R. C. Peterson, „Multidimensional modular microfluidic system", *Lab Chip* **9**, 3303-3305 (2009).

[Zhang 2003]   D. Y. Zhang, V. Lien, Y. Berdichevsky, J. H. Choi, and Y. H. Lo, „Fluidic adaptive lens with high focal length tenability", *Appl. Phys. Lett.* **82**, 3171-3173 (2003).

[Ziemann 2007]   O. Ziemann, J. Krauser, P. E. Zamzow, W. Daum, „POF-Handbuch, Optische Kurzstrecken-Übertragungssysteme", *Springer Verlag*, Berlin, 2. Aufl. (2007).

Publikationsliste

Patentanmeldungen und Gebrauchsmuster

- C. Megnin, M. Brammer, J. Barth, „Fluidische Steckverbindung", *Gebrauchsmuster* DE202010001422 (27.1.2010).

- M. Brammer, T. Mappes, „Opto-mechanische Weiche", *Gebrauchsmuster* DE202010006536 (7.5.2010), *Patentanmeldung* DE102011100720, US20110273703, CH201110121658 (2011).

- M. Brammer, M. Siegfarth, T. Mappes, „Lichtwellenleiterkupplung", *Gebrauchsmuster* DE202011003983 (15.3.2011), *Patentanmeldung* DE102012004656, US13421485, CH201210066126 (2012).

- T. Mappes, T. Wienhold, T. Grossmann, T. Beck, M. Brammer, H. Kalt, „Mikrooptisches Element, mikrooptisches Array und optisches Sensorsystem", *Patentanmeldung*, DE102011107360 (29.6.2011).

- M. Brammer, C. Megnin, T. Mappes, „Moduleinheit und Fluid-Analyseeinheit", *Gebrauchsmuster* DE202011104963 (24.8.2011).

- M. Brammer, T. Mappes, „Fluidmoduleinheit sowie Fluid-Modulsystem und Fluidanalysegerät mit mehreren Fluidmoduleinheiten", *Gebrauchsmuster* DE202011104962 (24.8.2011).

- C. Megnin, M. Brammer, „Ventilstecker", *Gebrauchsmuster* DE202012001202 (7.2.2012).

Wissenschaftliche Veröffentlichungen

- M. Brammer, C. Megnin, T. Parvanta, M. Siegfarth, T. Mappes, and D. G. Rabus, „A modular microfluidic backplane for control and interconnection of optofluidic devices", *IEEE PS Winter Topicals*, 10.-12.01.2011, Keystone, Colorado, 101-102 (2011).

- M. Brammer, D. G. Rabus, and T. Mappes, „Optoelectronic microfluidic backplane for modular optofluidic system design", *World of Photonics Congress: EOS Conference on Optofluidics*, 23.-26.05.2011, München (2011).

- M. Brammer, C. Megnin, M. Siegfarth, S. Sobich, A. Hofmann, D. G. Rabus, and T. Mappes, „Optofluidic backplane as a platform for modular system design", *Proc. SPIE* **8251**, 82510O-8 (2012).

- T. Wienhold, M. Brammer, T. Großmann, M. Schneider, H. Kalt, and T. Mappes, „Microoptical device for efficient read-out of active WGM resonators", *Proc. SPIE* **8428**, 842812-6 (2012).

- T. Mappes, C. Vannahme, T. Großmann, T. Beck, T. Wienhold, U. Bog, F. Breithaupt, M. Brammer, X. Liu, S. Klinkhammer, M. Hirtz, T. Laue, M. B. Christiansen, A. Kristensen, U. Lemmer, and H. Kalt, „Integrated Lasers for Polymer Lab-on-a-Chip Systems (Invited Paper)", *CLEO*, 6.-11.5.2012, San Jose, CA, USA (2012).

- C. Megnin, M. Brammer, H. Luckert, and M. Kohl, „SMA Microvalves with Plug-in Interface for a Modular Fluidic Backplane", *Actuator*, 18.-20.6.2012, Bremen (2012).

- M. Brammer, C. Megnin, A. Voigt, M. Kohl, and T. Mappes, „Modular Optoelectronic Microfluidic Backplane for Fluid Analysis Systems", *J. Micro-electromech. S.*, eingereicht.

Schriften des Instituts für Mikrostrukturtechnik
am Karlsruher Institut für Technologie
(ISSN 1869-5183)

Herausgeber: Institut für Mikrostrukturtechnik

Die Bände sind unter www.ksp.kit.edu als PDF frei verfügbar oder
als Druckausgabe bestellbar.

Band 1   Georg Obermaier
**Research-to-Business Beziehungen: Technologietransfer durch Kommu-
nikation von Werten (Barrieren, Erfolgsfaktoren und Strategien).** 2009
ISBN 978-3-86644-448-5

Band 2   Thomas Grund
Entwicklung von Kunststoff-Mikroventilen im Batch-Verfahren. 2010
ISBN 978-3-86644-496-6

Band 3   Sven Schüle
**Modular adaptive mikrooptische Systeme in Kombination mit
Mikroaktoren.** 2010
ISBN 978-3-86644-529-1

Band 4   Markus Simon
Röntgenlinsen mit großer Apertur. 2010
ISBN 978-3-86644-530-7

Band 5   K. Phillip Schierjott
**Miniaturisierte Kapillarelektrophorese zur kontinuierlichen Über-
wachung von Kationen und Anionen in Prozessströmen.** 2010
ISBN 978-3-86644-523-9

Band 6   Stephanie Kißling
**Chemische und elektrochemische Methoden zur Oberflächenbear-
beitung von galvanogeformten Nickel-Mikrostrukturen.** 2010
ISBN 978-3-86644-548-2

Band 7   Friederike J. Gruhl
**Oberflächenmodifikation von Surface Acoustic Wave (SAW) Bio-
sensoren für biomedizinische Anwendungen.** 2010
ISBN 978-3-86644-543-7

Band 8   Laura Zimmermann
**Dreidimensional nanostrukturierte und superhydrophobe mikro-
fluidische Systeme zur Tröpfchengenerierung und -handhabung.** 2011
ISBN 978-3-86644-634-2

Schriften des Instituts für Mikrostrukturtechnik
am Karlsruher Institut für Technologie
(ISSN 1869-5183)